歴史文化ライブラリー
352

稲の大東亜共栄圏

帝国日本の〈緑の革命〉

藤原辰史

吉川弘文館

目　次

稲も亦大和民族なり――プロローグ

本書は、二〇世紀前半の日本とその植民地における品種改良の歴史である。

1　稲も亦大和民族なり

育種とは何か

遺伝学の教科書によれば、育種、すなわち品種改良とは、「生物を遺伝的に改良して新しい品種を作成すること」である（鵜飼保雄『植物育種学―交雑から遺伝子組換えまで』二〇〇三年）。植物や動物を人類にとって育てやすく、また、食べやすく改良する技術は、遺伝学が発展する二〇世紀の専売特許ではない。農耕を始めた私たちの祖先の、野生のイネ科の作物から粒が落ちにくいものを選んでその粒を来年に播《ま》く、という行為だけですでに、遺伝的な改良である。粒が落ちにくければ、刈り取りやすく、収量も増える。これは、明らかに「品種改良」である。

それゆえ、品種改良は、人類が農業を廃業しない限り、人類の生命を支える根源的な行為であり続ける。育種という行為がこれまでなされなかったならば、霜降の和牛ロース、種のないブドウ、甘いサツマイモはおろか、いま、本書を手に取っている読者の存在さえ危ういと言わざるをえない。現在のように、限られた土地で大量の穀物が生産できるのも、育種の発展のおかげだからである。育種は、それゆえ、本来的には人類の幸福を増大させ、生命の維持に貢献してきた技術とされてきた。米の育種という小さなテーマが、歴史の課題としてはきわめて大きいテーマであることが、ここからも分かるだろう。

遺伝子組み換え

では、品種改良は、本当に人類を幸せにしてきたのだろうか。この疑問に対し、ためらいなく頷《うなず》くことは難しい。人間にとって食べやすく、美味《おい》しい品種ばかりを選抜したために、種の多様性を失ったという批判、野生の動植物に含まれる栄養素を喪失してしまったという批判など、品種改良技術は再思三省《さんせい》が求められ続けている。環境問題や健康問題から見れば、人類を幸福にした技術であるとは断言できないのである。

遺伝子組み換え技術は、自然界には存在しない品種を作り、生態系や身体に悪影響を及ぼすのみならず、耐農薬性や耐肥《たいひ》性などに優れた、農薬や肥料を生産する企業に有利な種子を普及させる、という理由でしばしば批判されてきた。スーパーマーケットの食品売場は、原材料表記に「遺伝子組み替え作物ではない」と記された食品で溢れている。消費者の抵抗はいまなお根強い。だが、この技術も、遺伝子組み換え技術が登場する以前の、品種改良の歴史をふまえなければ、正確に評価することができない。なぜなら、遺伝のメカニズムを利用して遺伝情報を意図的に変えていく、という方法は、DNAの塩基配列を放射線や特殊な薬品を用いて変化させる前から、育種学によってすでになされてきたことであり、一〇〇年の歴史を有する育種学自体を問い直さなければ、遺伝子組み換え技術だけを論じても、ほとんど有効ではないからである。

種子の独占

多国籍バイオ企業による遺伝子資源の独占は、最近ようやく知られるようになってきた。その代表格であるモンサント社による次世代の種子を植えても育たない「自殺する種子」の開発、モンサント社の種子が自生した農場相手に訴訟を起こしたカナダのシュマイザー事件、自社製の種子を登録せずに使用しているかどうかを調べる「モンサント警察」の存在、自社製の除草剤ラウンドアップに耐性を有する種子の販売に、日本は、一部の熱心な批判者を除いて、驚くほど無関心である。ロックフェラー財団やビル・ゲイツ財団の援助を受けつつ、バイオ企業が自社やその関連企業に都合の良い情報を組み込んだ種子を、世界各地の農地に播くことが何を意味するかについては、すでに多くの書物が出版されており、そこで知ることができる（たとえば、天笠啓祐『世界食料戦争』二〇〇四年、久野秀二『アグリビジネスと遺伝子組換え作物』二〇〇二年、同「GMOをめぐるポリティクス」『食と農のいま』二〇一一年）。

だが、モンサント社のような「種子を通じた支配構造」を歴史的に追っていくと、かつての日本が、東アジアの小帝国として植民地を統治するなかで、品種改良がきわめて重要な役割を果たしていたことを無視できなくなる。塩基配列は肉眼では見えない。しかし、遺伝子には、作物の形質を決定する膨大な情報が組み込まれている。このような特質に依

合（1934年）

中部			北部		
山間地	平坦地および南部海岸地方	海岸地方	山間地	平坦地	海岸地方
—	36	35	53	24	70
51	37	37	—	23	—
63	42	48	60	29	—
74	50	—	—	—	72
—	—	—	—	—	—
—	—	—	—	—	—
31	32	25	43	17	51

関する調査』凶作編（1935年）をもとに作成。
「—」は青立（穂が実らなかったこと）を示す。

図1　寺尾博（東北大学史料館提供）

表1　宮城県水稲品種別減収歩

品種名	南	部
	山間地	平坦地
〈愛国1号〉	64	42
〈陸羽20号〉	57	40
〈福坊主1号〉	45	—
〈銀坊主〉	—	—
〈在来愛国〉	50	38
〈亀の尾〉	54	—
〈陸羽132号〉	最良	最良

（出典）　帝国農会編『東北地方農村に
（注）　表中、減収歩合の単位は％。

拠しながら植物を通じて遺伝的に地域を統治する、という意味では、戦前の日本には、以下に述べるように、その「ひな形」とも言うべき歴史現象が見られたのである。そして、その最も重視された作物こそ、稲なのであった。

科学的征服

一九三四年の東北地方は大凶作だった。にもかかわらず、世界最先端の育種技術を用いて開発された水稲品種〈陸羽一三二号〉は、その優れた耐冷性ゆえに、他品種と比べて格段に成績が良かった。たとえば、この年、宮城県立農事試験場が行なった調査によれば、宮城県における〈陸羽一三二号〉の減収の度合は、他のどの品種よりも低かった（表1）。それは、海岸部でも山間部でも変わらなかった。品種改良の技術が冷害を克服した事実を目の当たりにした農林大臣の山崎達之輔は、東北地方の視察旅行から帰った朝の閣議で「冷害対策委員会」の設置を決定、「優良品種の育成、適地適種、栽培技術の改善」を推進するよう指示を出す。山崎はまた、〈陸羽一三二号〉の開発者である寺尾博について、「これまでの功績だけで銅像の一つは建つても良い位だ」と発言したという。

以上の経緯を報じたのは、一九三四年一〇月二一日付の『東京朝日新聞』朝刊である。同紙は、「最善の凶作対策」「寺尾博士研究の功績」「東北米の優良種」という見出しと、顔写真を掲載することで、寺尾の功績を讃えた。また、山崎の迅速な対応も記者によって評価されている。「政府の頭が単なる救済から科学的征服へと転向したことは東北農村問題に甚大な転機を画したものといわねばならぬ」。

『秋田魁《さきがけ》新報』に一九三四年一〇月一六日から一一月五日まで二〇回にわたって連載された「凶作地帯を行く」シリーズには、次のような凄惨な様子が描かれている。「収穫皆無のために小学校の児童は全部学校を休んで根餅（草の根）を掘りに山へ出かける」。「延びほうだいにのばした雑草園のやうな稲田——穂のない稲である」。赤ん坊を子守しながら「義務教育を終へてやつと一五、六になると雀の涙ほどの前借金で丁稚とか酌婦に売出される」。「役場書記までなした家の娘二人までが娼妓に転落」（松永伍一編『近代民衆の記録1　農民』一九七二年、所収）。こうした東北の現状を打破する道を探し求めていた政府が、育種という科学技術にすがろうとする様子が、この顚末から垣間見える。育種は、その農村の復興に対する実効性はともかく、絶望の淵にあっても未来への希望を与えてくれる一筋の光であり、日本国家の死活問題に関わる科学プロジェクトだったのである。

『東京朝日新聞』の記事の場合、「征服」の対象は東北地方だけでしかない。けれども実際は、それにとどまるものではなかった。

稲も亦大和民族なり

岩波書店の自然科学雑誌『科学』の一九四二年一一月号に組まれた「稲に関する最近の研究」という特集の巻頭言「稲と大東亜共栄圏」のなかで、当時、すでに農林省農事試験場の場長の地位に昇りつめていた寺尾博は、「稲は大東亜共栄圏を特色付け」「東亜諸民族のホームであるこの地域は稲のホームである」と述べたうえで、「我が国に於いては稲も亦《また》大和民族なり」と豪語する。

南方稲は概して日本稲と米質が異つて居るのみならず、生産力殊に肥料に依る増産能力に於て遥かに日本稲に劣つて居る。その藁《わら》も脆弱で日本稲の藁の如くに強靱な縄や叺《かます》〔木炭や肥料を入れる藁細工の袋のこと。以下、引用文中の〔　〕は引用者の註を表す」を作り得ない。日本稲は南方稲に比し、外観上一見して如何《いか》にも剛健多産の引締まつた相貌を呈し、正に優越せる種族の感じも否めない。それ故私は〝我が国に於ては稲も亦大和民族なり〟と云ひたいのである。

大東亜共栄圏

「大東亜共栄圏」という言葉は、一九四〇年八月一日の記者会見で、外相松岡洋右《ようすけ》が「日満支をその一環とする大東亜共栄圏の確立」と述べたのが初出である。その年の五月から六月にかけて、ナチス・ドイツがフランスおよびオランダに侵攻し占領した結果、両国の東南アジア植民地支配が空白になり、日本の南方進出が現実味を帯びたことがそのきっかけであった。この構想は、日本を中心とした広域にわたる経済圏の創出が最重要の目的であったが、一九四一年十二月八日の真珠湾攻撃以降、さらに具体化していく。翌年二月二十七日から始まった「大東亜建設審議会」では、電力・鉄鋼・石炭・石油などの物資の確保のみならず、農業の発展についても議論された。この審議会の第六部会が出した答申「大東亜ノ農業、林業、水産業及畜産業ニ関スル方策」では、米の生産について次のような記述が見られる。朝鮮および台湾では米の増産および移出、満洲では米の自給自足、「北支」では軍需および邦人向けの生産、「中南支」では米を南方から補給し小麦を生産、「南方諸地域」では、「対日供給確保」と中国および南方の需要充足を目指す、と（「大東亜共栄圏」の経済全般の計画および実態について詳しくは、山本有造『「大東亜共栄圏」経済史研究』二〇一一年、を参照）。寺尾が「稲と大東亜共栄圏」と題して、日本稲の優越に浸る背景には、以上のような、日本の内地中心主義的な軍事的および経済的展開があったのである。

たとえば、肥料の多投に耐えうる改良品種は茎が短いが、これは、まさに、欧米人より背は低いが足が太い日本人と同じである、と寺尾は喩《たと》える。この擬人化によって、水稲育種の発展を、「大東亜共栄圏」建設を目指す帝国日本とその担い手たちの拡大に重ねあわせているのである。

図2　東畑精一

この特集では、近藤頼己《よりみ》「稲の交配に関する温湯浸穂法」、湯浅啓温《ひろはる》「稲品種の稲稈蠅《（イネカラバエ）》に対する抵抗性の差異」、松尾孝嶺《たかね》「水稲の育種試験における生態的特性の検定」、寺尾博・水島宇三郎「東亜各地域及び米州における栽培稲の類縁関係について」、和田栄太郎「南方稲の二、三の特性について」など、最新の水稲育種研究がそれぞれの分野の第一人者によって紹介されている。日本の全農業技術の頂点に君臨していたのが稲の育種の専門家であったことが象徴しているように、育種学は当時の農学の要石《かなめいし》であった。農業経済学者の東畑精一《とうはたせいいち》も、一九三九年一月に刊行された『科学主義工業』で、こう述べている。

如何なる種類の技術的進歩がわが農業で最も普及してゐるであらうか。またその普及のために努力せられてゐるであらうか。恐らく何人も躊躇することなく答へるであらう、夫《そ》れは農産物や畜産物等の品種の改良や新品種の導入と普及に外ならない。日本の農林省や各種試験場の主要な政策・研究方向は実際のところ茲《ここ》にあつた。私は敢て詳説しない。ただ例へば東北に於ける陸羽一三二号の普及、朝鮮における内地米品種による在来米品種の完全なる打破、台湾の蓬萊米の急激な増殖、蚕種や鶏の大進歩等を挙げるにとどめたい（『日本農業の課題』一九四一年、所収）。

品種革命

東畑は、「改良品種は夫れ自身比較的に独立し孤立的に農業界に入り易い」「品種改良ぐらゐの技術的改良は単に他の条件と離れて、孤立的にも遂行出来る」と言い、実は品種改良に傾きがちな日本の農業技術を批判している。自律的な経営者になれない日本の農民に、師であった経済学者シュンペーターの「単なる業主

Wirt schlechtweg」という概念をあてはめた東畑にとってみれば、品種改良は日本農民および日本農業の後進性の象徴であった。逆に言えば、それだけ日本で存在感のある技術だったのである。また、守田志郎は『米の百年』（一九六六年）のなかで、市場の米の銘柄として、「秋田仙北米」「出雲米」などの産地名のついた銘柄のみならず、それに「陸羽一三二号」や「旭」という品種を付与した銘柄が登場したこと、農民も地主も、市場を見ながら品種を選んだこと、そして、その品種の「恐ろしく高い普遍性」ゆえに、こうした急速な優良品種の普及に対し、「品種革命」という表現を用いている。

最近では、大豆生田《おおまめうだ》稔も「植民地における施策は、内地種導入などによる品種の「改良」・統一、調整の課題などを主としており、大規模な水利事業、耕地拡張事業は未だ着手されていなかった。また国内においてもそれは同様であり、たとえば農商務省が重視していた耕地整理事業に対する国庫補助は、一九一三年度からは減額されるという状況にあった」としている（『近代日本の食糧政策』一九九三年）。大豆生田が別の箇所で指摘しているとおり、台湾では、どちらかというと、水利事業が品種改良に先んじていたが、内地種を導入して以来の農村の変容ぶりは、長期にわたる水利工事がもたらした変化に勝るとも劣らないものであった。

たしかに、品種改良という技術は、耕地整理、肥料の普及、農作業の機械化などによって構成される農業技術近代化のパッケージの一部にすぎず、これらの要素と密接に関連しており、それだけで稲作の生産力を上昇させることは当然できない。ただ、従来、十把一絡げに「生産手段」や「農業技術」の一分野としてとらえられがちであった品種改良には、「品種革命」と呼びたくなるほどの、他の技術と決定的に異なる点があることを忘れてはならない。それは、東畑が指摘した普及の「容易さ」だけではない。

農業技術を理論的に考察した渡辺兵力《ひょうりき》は、このあたりのことについて、次のように述べている。「ある品種が与えられるとすると、もうそれのもつ生産性能以上の生産を実現することは他の技術的処置では不可能なのであつて、人為的になしうることはその固有の生産性能をできるだけ最大に発揮できるように最良の生育環境を形成する、ことだけである」（『農業技術論』一九七六年。傍点は原文ママ）。つまり、品種改良技術の特殊性は、改良品種がその他の技術や技能の、いわば司令塔になる、ということである。遺伝情報は、単にタンパク質合成の設計図を提供するばかりでなく、モンサント社の例に見られるように、それを通じて、その品種に必要な肥料の量や水利施設の整備の度合いもある程度まで「指令」できる。生産者がどれほど、近所の店に売っている農薬や肥料に慣れていてそれを使用したくても、あるいはその店主を信頼していても、品種と相性が悪ければ使えなくなる。それゆえ、優良品種は、日本が内地や植民地の農村に提供する農業技術のパッケージの先発隊であり、開拓者であり、また、司令塔であったということができる。東畑精一は、品種改良に偏《かたよ》る日本の農業技術を、欧米に対する後進性の現れとして見たが、私はむしろ、この技術に、現在の多国籍企業の種子支配に至るような、植民地時代が終わったあとの全世界を、薄くかつ広く覆う膜のような新しい支配形態の先駆性を見たい。寺尾が「稲も亦大和民族なり」と言い切ることができたのは、育種学がもたらす社会への甚大なる影響力に自覚的であったからである。

「育種報国」の光と影

〈富国〉と天皇

諸技術の司令塔としての育種

悲しみの米食共同体

寺尾博は、稲の育種の専門家であった。そもそも米が日本において政治文化的にも多大な機能を発揮する精神的な作物であることは、ここで改めて言うまでもないだろう。たとえ、庶民のあいだではサツマイモや雑穀が重要な食料であったとしても、米は、表向きは「稲作民族」である「大和民族」の「主食」と見なされており、天皇の最も重要なシンボルであるがゆえに、日本国家の統一性と正当性を生活から基礎づける重要な作物であった。

にもかかわらず、日本は、内地産の米だけで内地に住む全国民の消費量を満足させることはできなかった（図3）。一九一九年までは、朝鮮や台湾など植民地からの移入とタイ

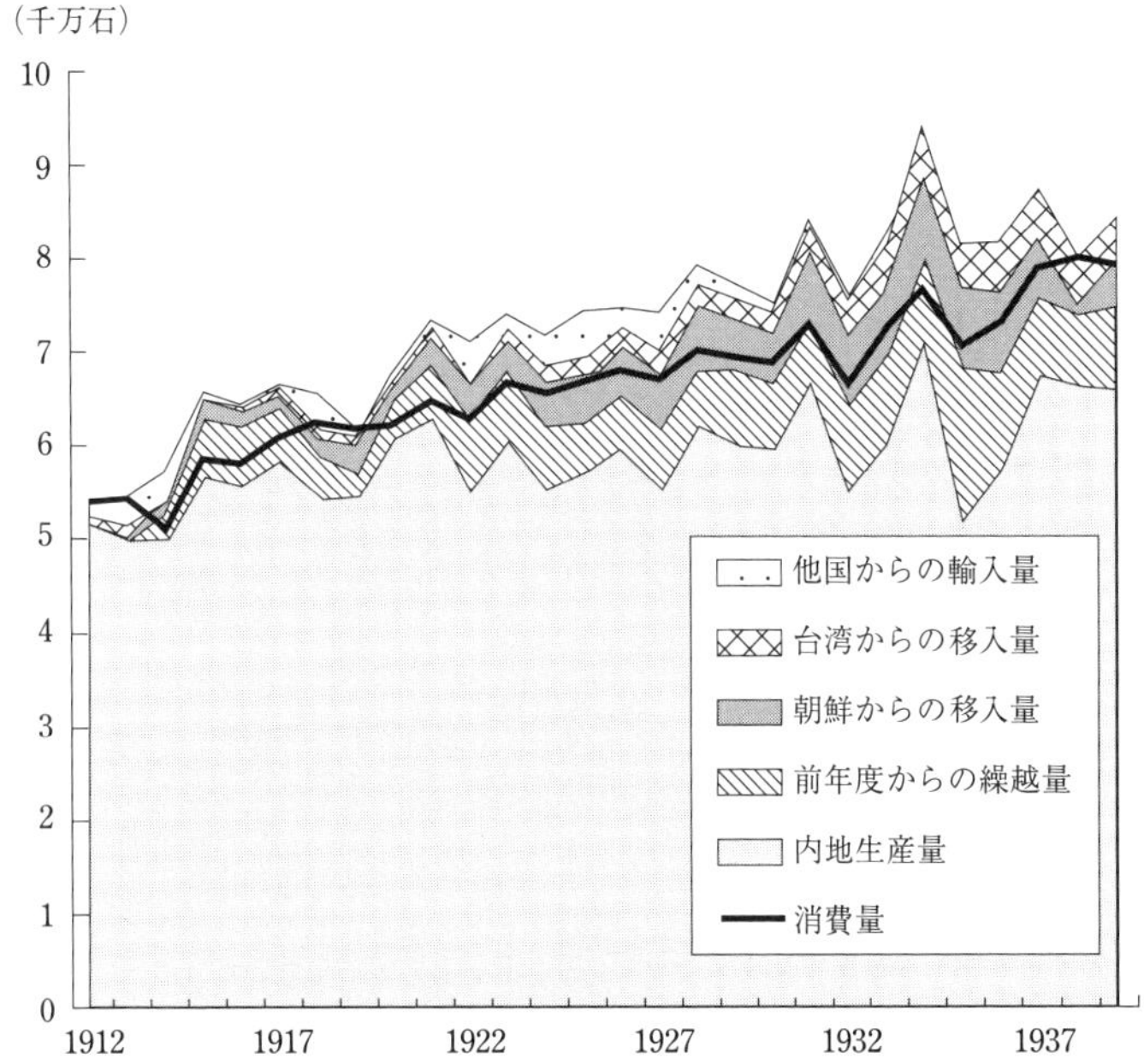

図3　日本における米穀供給量と消費量の変遷
（出典）農林省米穀局編『米穀要覧』（1939年）をもとに作成。

やビルマ（一九八九年よりミャンマー）からの外米《がいまい》（インディカ米）の輸入によって、一九一九年以降は、朝鮮や台湾の移入米のおかげでかろうじて内地の消費量は賄われた（植民地から内地への材の移動は「移入」、それ以外の外国からの材の移動は「輸入」と呼ぶ）。たしかに、一九二〇年代後半から一九三〇年代前半までは供給過剰な時期があり、この期間は、内地米と植民地米とのあいだで摩擦が生じるが、一九三〇年代後半以降、戦時体制下では再び不足し始める。いずれにしても、内地の生産量だけでは消費量に届かないままであった。だからこそ、必然的に、内地や植民地の限られた土地で増産をもたらす稲の育種に大きな期待がかけられたのである。高度経済成長期までの日本人は、高価であったり、戦争で食糧不足になったりで、白米を腹一杯食べることができない、という失望と悲願に満ちた「悲しみの米食共同体」であった（岩崎正弥「悲しみの米食共同体」『食の共同体』二〇〇八年）。

南方稲の長所

稲の増産が臣民の悲願であり、さらに、「大東亜共栄圏」構想において最重要課題の一つであったゆえに、寺尾の巻頭言は自尊心で溢れていた。育種家の自画自賛は、寺尾だけではない。たとえば、一九四六年に寺尾の後継として農事試験場の場長の椅子に座った盛永俊《とし》太《た》郎《ろう》は、〈農林一号〉という品種について、「稲作は日本農業の誇りであり、育種は稲作の誇りであり、農林一号はその育種の誇りであります」と述べている（『農林一号と並河顕彰会』一九六三年）。

とはいえ、もちろん、寺尾は、本国で開発された水稲品種を「大東亜共栄圏」全域に普及させようとしていたのではない。品種はその土地の気候や風土の条件に大きく左右されるために、そんなことはそもそも不可能である。寺尾も、単に日本産品種の優越性を誇らしげに語るばかりでなく、「南方稲」の長所にも言及している。

南方稲に就て特に注目すべき事がある。我が国の稲作の大脅威たる稲の病害――稲熱病《いもちびょう》に対する特殊の高度耐病性を日本稲に取り入れた新品種を育成することは、当然育種研究家の熱烈なる願望となる。

そして、「今や日本の農業技術は国内に於て充分にその機能を発揮すると共に、南方及び大陸農業の指導に当たらねばならない時だ」と寺尾は結んでいる。たしかに、良いものは取り入れていこうとする柔軟性は認められよう。だが、寺尾の語り口のなかで、育種技術の、そして、稲そのものの自民族中心主義《エスノセントリズム》はゆるぎない。稲熱病とは、糸状菌である稲熱病菌の胞子が稲に付着し、数時間のうちに発芽し、葉や茎を枯らす病気である。空気感染のため被害は甚大で、とりわけ穂に感染した場合には、大凶作の原因となる。「優越せる種族」とされた「大和民族」にとっても、最も恐るべき稲の病気であった。育種研究者たちは、この稲熱病に強い稲を開発することも重要な育種目標に据えていた。〈陸羽一三二号〉はその目標にある程度到達したが、それでも耐病性は完璧ではなかった。それゆえに、寺尾は南方稲という新しい遺伝資源の獲得にその望みを賭けたのである。

しかしながら、寺尾には、南方の稲もまた別の病気が存在するかもしれず、それに日本の技術を投入して生産力を上昇させる、という発想が皆無であった。ましてや、南方稲の生産者は、寺尾の関心の外にあった。寺尾は、「我が国」の新品種育成のための遺伝資源としてしか南方稲を見ていなかった。一見、平和裡に普及したと思われがちな水稲品種にも、このような「征服」志向をはっきりと確認できるのである。

品種改良の性質

この志向は、品種改良という科学技術の根本的な性質とも無関係ではない。崎浦誠治の『稲品種改良の経済分析』（一九八四年）によると、品種改良の農業経営上の利点は下記の三点であるという。

第一に、資本の乏しい零細農家でも容易に手が届くこと。

第二に、いかなる広さの土地面積とも結合しうる弾力性・融通性を有すること。

第三に、肥料を多投する小規模経営で効果をもたらすこと。

つまり、水利事業に投資したり、経営面積を拡大したりしなくても、あるいは、農業機械の普及が遅れている地域でも、新品種を導入し、しっかり肥料を与えれば、さしあたり、目に見えるかたちで増産が可能になるわけである。農業機械のように修理費用もかからず、水利事業ほどの大規模な工事を必要とするわけでもない品種改良技術が、あらゆる農業技術の先遣隊、あるいは、あとからやってくる諸技術の司令塔として機能する理由がここからも分かるであろう。そして、この基本的な性質は、植民地や占領地の農村を宗主国の意向に沿って開発するうえでも、きわめて都合がよい。

では、大日本帝国の勢力圏において、品種改良の「科学的征服」とはどのようなものであったか。もちろん、「大東亜共栄圏」における品種改良は、戦争遂行のなかで結局十分な成果を残すことができず、多くは企画止まりであった。新品種を育てるには、原則として交配から少なくとも八年はかかるゆえに、もし、「品種改良」と「大東亜共栄圏」の関係を問うとすれば、むしろ、あの「稲も亦《また》大和民族なり」という発言までの品種改良事業の過程に着目しなければならない。言いかえれば、育種技術が、遺伝情報に基づく稲の技術体系の脳髄の役割を果たしつつ、水利整備事業技術や化学肥料技術と相互に関わり合いながら農村空間を改変し、その空間が農民たちの期待に支えられつつ、日本帝国の膨張過程においてどのような役割を果たしたかをまず問うことが優先されるべきであろう。

では、これから、こうした水稲品種の技術的改良と普及の過程について、さまざまな史料から再構成を試みていくのだが、まず、そのモデルケースとして、北海道を席捲した〈富国〉という品種について見てみよう。

〈富国〉と農民

上川支場

〈富国〉。北海道農事試験場上川《かみかわ》支場で育成された水稲系統〈上育四三号〉の別名である。この支場は、一八八六年に忠別太《ちゅうべつぶと》（現旭川市神居《かむい》町）に北海道庁の命令で建設された忠別農作試験場をその発端とする。その後、場所と名称を変えながら、一九一〇年に、第一期北海道拓殖計画の実施にあたり、北海道農事試験場上川支場に改名される。ここには、一九〇一年に札幌市に設置された北海道農事試験場を本場《ほんじょう》とし、上川・北見・十勝・渡島の各試験機関を支場とする国費プロジェクトが背景にあった。一九六四年に、北海道立上川農業試験場となり、北海道の米の育種の中心的役割を果たしている。

上育《じょういく》というのは、北海道立上川農事試験場で道費試験によって育成された開発中の有望系統に冠せられる名前である。水稲に限らず、果樹や小麦など他のすべての作物も同様である。ちなみに、その食味の良さから、「まずい道産米」のイメージを一新した〈きらら三九七〉も（育成年は一九八八年）、上育番号で言えば、〈上育三九七号〉にあたる。なお、道南農事試験場なら〈渡育《といく》〉、北見農業試験場なら〈北育《ほくいく》〉、十勝農業試験場なら〈十《と》育《いく》〉、中央農業試験場は〈空育《くういく》〉となる。

モダンタイプの御料米

一九三五年春、〈富国〉は北海道の優良品種に指定された。優良品種の種子は各町村農会の原種圃でいったん増やされ、各農家に配布される。〈富国〉もまた、各農家に配布される運命にあった。しかし、この水稲品種にはまた別の「大事な役目」が待っていた。

一九三六年秋、昭和天皇裕仁《ひろひと》は、陸軍大演習を統帥するため北海道に訪れる。〈富国〉は、天皇がその折に食べた米の品種であった。この御料米の「勤作」を命じられたのは、永山村《ながやまむら》（現旭川市）にあった上川支場であった。異品種間の人工交配という当時の最先端技術を用いて育成された〈富国〉は、厳正な管理のもとで栽培される。一九五九年以来、上川支場で品種改良に関わってきた佐々木多喜雄は『北のイネ品種改良』（二〇〇三年）のなかで、「短強稈《かん》で多肥に耐える」「ニュータイプ」であり、「モダンタイプの先駆け」であったと評している。稈というのは、稲や竹などの、中が空洞になっている茎のことで、それが短いと風雨にも強く、何より肥料を多投しても倒れにくい。短稈化は、日本の水稲育種の基本路線であった。以下、佐々木の育種家としての目線に貫かれた歴史研究に依拠しながら、〈富国〉のたどった道のりを追跡してみたい。

当時の支場長である山口謙三は、一九二九年に、新品種を育成するという任務と、場長直筆の「育種報国」という額をひっさげ、琴似《ことに》の本場から上川支場に移ってきた。支場長の仕事と平行して、〈富国〉の育成にこぎ着けた育種技師であった。山口は、一九七七年に発行された試験場の親睦誌『むーべる』七号のなかで、栽培の様子を次のように振り返っている。

御料米の謹作を上川支場に命ぜられ、品種は新品種の富国とし、予備として坊主六号を供用することになりました。何しろ衛生上非常に厳重で、警察医が栽培上非常識のことを云われて閉口しました。肥料は堆肥等の有機質のものはいっさいいかぬ、土地には石灰を十分施して土壌を消毒せよ。灌漑水は大灌漑溝の入口より予定水田まで約一〇〇米もある用水路を板で遮断し途中汚水が絶対に流入せぬように、また水路の途中二カ所に水の濾過装置をつけろという。元来灌漑水は成るべく日光に当て、温暖とするのが必要であるが、水路を板でかこってしまえば日光が当らぬから水温が上らず、生育は不良となるのは免れぬ。耕作関係者は其の家族全員健康診断をし、無菌者のみを認められるという有様。御料米田の周囲には金網でおおい、不敬者の侵入を防ぐようにし、田植えや収穫刈取りの日には、（中略）作業員は全部白衣、白帽、白足袋の白づくめの清潔の装束で作業する有様。（「上川支場で育成した二〜三の水稲品種の思い出」『むーべる』七号、一九七七年）

富国館

刈り取った〈富国〉を脱穀調整したあとトラックで琴似の本場に送る際には、「アルコール一缶をトラックに散布して消毒し」「永山神社の前で神宮よりお払いをして」もらったうえで、場長が付き添って送り届けたという。清潔さにこだわるあまり、米の生育不良も拒まないような「御料米勤作」は、およそ一般的な米作りとは異なる栽培方法でなされた。フェンスで囲われた無菌の食品工場のような栽培法は、言うまでもなく、永山村の米作農家たちがやってきた農法とはまったく異なる。

とはいえ、もちろん、御料米を栽培した支場に対し農民たちは怒りの声をあげることはしなかった。「そのような作り方では、陛下の食べるお米が不味《まず》くなる」という気持ちは抑えられ、むしろ、その逆の現象が起こった。「試験場に新しい実験室を寄付しよう」という気運が農民たちのあいだで高まり、〈富国〉を栽培する農家が少しずつ米を出しあい換金して、「富国館」という木造二階建ての実験棟を上川支場に寄付することになったのである。一階は実験室および調査室とし、二階は農民が宿泊できる講習場になる予定であった。一九四四年春に着工、外部工事は終了したものの、工事半ばで敗戦を迎え、完成したのは戦後であったという。山口は、こうした「農民の気持」に感激し、一生涯忘れることのできない印象を得た、と当時を振り返っている。〈富国〉を栽培していざ収穫してみると、あまりに多収であらかじめ作っておいた俵では足りなくなってしまい慌てて新藁で俵を作った、というエピソードさえ残されている（『むーべる』七号、一九七七年）。

〈富国〉に対する農家の「感謝」を表すものは、「富国館」だけではなかった。御料米の刈取鎌入式のために作られた「富国小唄」もまた、感謝のしるしであった（『むーべる』七号、一九七七年）。

富国小唄

一、躍進北海ピカ一の
　名もふさわしい富国の米は上川永山生まれ
　今年数えで十才で取れ目多く品がよく

からだ丈夫で倒れやせぬ

二、ほんにお前は果報もの

学校目出度く卒業したらすぐにお上の大事な役目

この光栄を忘れずに国を富ませよ

栄えさせよ

唄で人格を与えられるほどまでに〈富国〉に期待がかけられたのは、それが御料米になったからだけではない。日本の稲作史上、画期的な品種だったからだ。

短日法

まず、〈富国〉の開発には、秋田県の農商務省農事試験場陸羽支場で成功したばかりの短日法《たんじつ》が使用された。稲は、日が短くなると花を咲かせる短日植物である。雌しべに花粉をふりかける人工交配を行なうためには、両品種の開花時期が一致しなければならない。ところが、北海道の品種と東北の品種とでは開花の時期が異なる。そこで、トタンをかぶせるなどして人工的に日照時間を短縮し、開花時期を合わせる方法が「短日法」である。

この短日法を用いて、生態系の異なる東北地方で多く栽培されていた多肥多収性の〈中生愛国《なかて》〉を母本《ぼほん》、北海道稲作の北限を支えていた〈坊主六号〉を父本《ふほん》とする人工交雑

図4　人工的に日照時間を短縮して開花時期を調整する短日法（鴻巣試験地）

から生まれたのが〈上育四三号〉系統であり、〈富国〉であった。そしてなにより、〈上育四三号〉の育種目標は多肥多収性であった。育種目標とは、育種を始める前に必ず立てる目標である。水稲に関して言えば、冷害に強い耐冷性、肥料多投に耐える耐肥《たいひ》性、稲熱病《いもちびょう》などの病気に強い耐病性など、さまざまな性質が目標にされてきた。

多収多肥性という育種目標のとおり、〈富国〉は、それまで北海道稲作を支えていた〈坊主〉系統よりも耐肥性に優れ、北海道の農民に多収をもたらした。〈坊主〉は、一八九五年に、新琴似村の江頭庄三郎によってそれまで北海道の稲作の北進を支えていた〈赤毛〉から選出されたものである。無芒《むぼう》、つまり、穀物の実の先端にある突起である芒《のぎ》がないことから、〈坊主〉と名づけられたが、その耐肥性・耐病性から、農事試験場もその純系分離をして、〈坊主五号〉や〈坊主六号〉などの比較的食味の良い品種を生み出していった。これらの〈坊主〉系統よりはるかに収量を上回る品種が誕生したのである。

この〈富国〉は燎原の火のごとく普及する。一九三七年に全道作付面積の一四・二％、一九三九年には三八・一％を占め、これまで一位を占めていた〈坊主六号〉を抜いて、ついに〈富国〉は道内作付面積のトップに躍り出た。一九四〇年のピーク時には、五四・八％に達し、〈富国〉は北海道の水稲の半分を超えるまでその勢力を拡大した（図5）。『北海道立上川農業試験場百年史』（一九八六年）には、〈富国〉が「北海道史上稀にみる普及を示した」「極多収」品種だったと記されている。

〈富国〉の異変

ところが、一九四一年、〈富国〉の勢いは急激に衰える。『百年史』は、その事情についてこう述べている。

「富国」が〔一九四〇年に発生した〕いもち病や冷害の被害を受けて減少していった経過は品種そのものの欠点も大きな要因である。しかし、農家がその多肥多収性を過信して年々多肥栽培化し、あるいはいもち病の常発地帯である泥炭地や気候的にも無

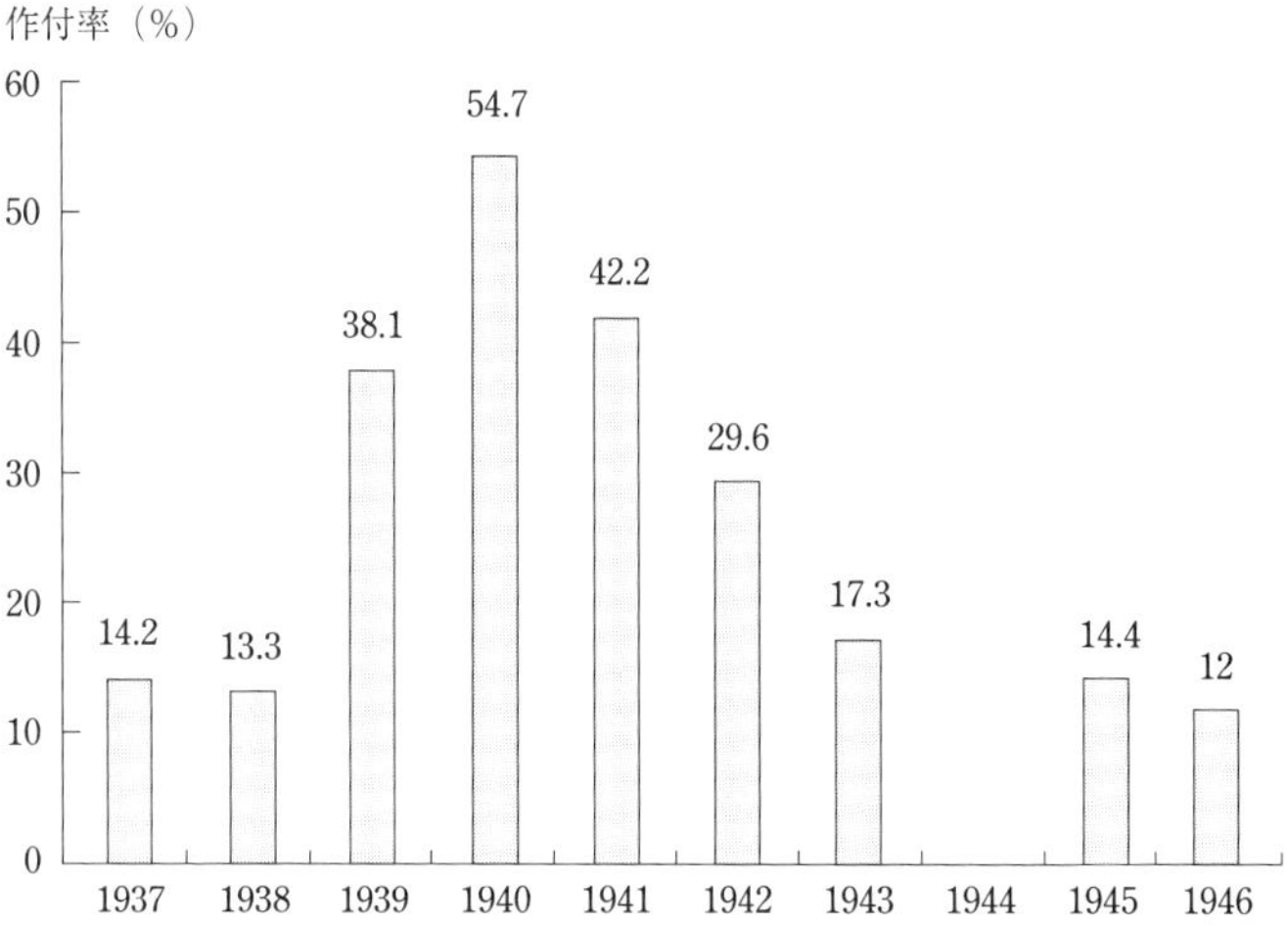

図５　〈富国〉の全道作付面積率

（出典）　佐々木多喜雄『北のイネ品種改良』（2003年）をもとに作成。
（注）　1944年はデータ欠のため不明。

理な北部地方にまで作付を拡大したことが、この品種の寿命を縮めたと言うこともできるだろう。

暗色の病斑が葉や穂首などに現れる稲熱病は、気象条件が高湿低温へと悪化したり、土壌中の窒素が過多になったりすると発生しやすい。『百年史』は、〈富国〉の人気がなくなっていった理由を農家の「過信」に求めているが、逆に言えば、〈富国〉の肥料に対する反応の良さが、米作農家にあまりにも大きな期待を抱かせたとも言えるのである。〈きらら三九七〉の育種にも携わった佐々木多喜雄は、「『富国』は稈《かん》が強く、肥料反応が高く、肥料を多くやれば やる程多くと れ倒れないので、もっと肥料を増やしてもっと多くとろうという欲が出て、品種として耐えうる限界以上に多肥料のみによって収量を得ようとする欲ばりが出てくる」と述べている。ここには、〈富国〉という一品種が放つ強烈な魅力と、それと隣り合わせの危うさが見事に描かれている。

さらに、当時の交雑育種としては最短の八年で育成された〈富国〉の耐冷性にも問題があった。八年間のあいだに〈富国〉は三回の冷害に遭っているが、そのどれも不確定要素によって偶然乗り切ることができたために、冷害にも強いと評価されてしまった。〈富国〉が普及してから四年間冷害がなかったことも、農家を油断させた。「試験場がよいといったので作った」と、「多数の農家が押しかけて来て、この有様をどうしてくれるか、試験場でよいといったので作ったのにと、試験場を目のかたきのように非難ゴーゴーの目」に合ったと山口は回想している（『むーべる』七号、一九七七年）。

新品種の魅惑と陥穽

〈富国〉に刻まれた遺伝情報をめぐって、技術者と農民、そして、天皇まで も巻き込みながら繰り広げられたエピソードは、一九二〇年代から現在に至るまで変わらず日本の国や地方自治体の重要なプロジェクトである稲の品種改良の「魅力」と「危うさ」の両面を示している。育種の効果は眼に見えるかたちで即座に現れるので、農学のなかでも生産者や消費者に支持されやすい花形の技術であるのだが、その分、農民たちの欲望、さらには熱狂と強固に結びつく。この点、筑波常治《ひさはる》の指摘は重要である。「あたらしい品種と化学肥料は、そのために特別な労働を必要とせず、しかも収穫だけは多くなる。かれらがそれにとびつくのは、まことに当然な人間的欲求だった」（『日本農業技術史』一九五九年）。そのうえさらに、日本の稲作文化の中核にある天皇が〈富国〉を食べることで、最先端の技術を駆使して開発された品種に歴史性と正当性が与えられている。〈富国〉は、欧米由来の先端科学と「万世一系」という国家起源の「物語」を二つの車輪として疾走してきた近代日本の状況を象徴していると言えるかもしれない。

また、〈富国〉は、生産者が目的のために技術を使用するのではなく、技術のために自分を利用せざるをえなくなる、とも言うべき状況を生み出した。なぜなら、〈富国〉は、「肥料を入れれば入れるほど、もっとたくさん米がとれるかもしれない」という、抑えがたい「投資心理」をかきたてる品種であり、稲熱病や冷害に対する危険ばかりでなく、地力の回復のために肥料を用いるという基本的な事柄を忘れさせ、肥料が稲を育てているような錯覚に陥らせる事態をもたらしたからである。土壌中に棲む無数の微生物や昆虫の働きがあってこそ、作物は育つのだが、そのことが軽視されがちになる。自分が米を作るのではなく、技術が米を作る状態になる、と言っても、それほど事実から遠くないであろう。

ただ重要なのは、〈富国〉に対して、農民たちが単なる作物の品種以上の何かを投影していたことである。すでに述べたとおり、品種改良は、単なる農業技術システムの一部門以上の意味を持っている。肥料とは異なり、種籾代が生産費に占める割合は相対的に少ない。また、農業機械のように性能が良くなったからといって価格が上昇するわけでもない。しかも、新たに労働力を増やさなくても増収可能である。以前よりも肥料代が嵩《かさ》むことは確実であるのだが、新品種が放つ幻影をまえに、その問題はいったん棚上げされ、農民たちの意識下に沈潜する。こうしたことが、品種改良という農業技術を考える際の前提である。

植民地産米増殖計画

〈富国〉のような肥料に高反応な品種は、一九二〇年代から全国各地で育成されるようになる。台湾・朝鮮・満洲でも、程度の差こそあれ「内地優良品種」が普及し始める。植民地では、「内地」の米不足解消のため、「帝国内食糧自給」をめざし、一九一九年から植民地産米増殖計画が始まる。それまでは、米不足は日本内地の問題であったのが、このときから、帝国日本全域の問題に拡張する。最近では、大豆生田稔《おおまめうだ》が『近代日本の食糧政策』で、日本の食糧政策史を、ビルマやタイなどの外米《がいまい》、そして、植民地の移入米を視野に収めつつ、広い視野で叙述しているが、ここで論じられているように、日本に植民地米が移出されるようになり、それが安価であるがゆえに、内地市場で評価が高まる。しかしながら、移出する側の植民地の農民は、良質（と内地の市場で評価される）品種を食べることはまれであり、在来の食味の悪い（と内地の市場で評価される）米や、粟《あわ》や黍《きび》を食べる。内地米は基本的に自給米ではなく商品であった。帝国全域において、こうした米の流通経路ができあがるのである。

それゆえ、一連の植民地産米増殖計画のさきがけが、「北海道産米増殖計画」であったことは決して偶然ではない。朝鮮が良質米のフロンティアであり、台湾がジャポニカ米の南のフロンティアであったように、北海道はその冷涼な気候から、稲作一般の北のフロンティアであった。そこに、日本の育種技術が存分に腕を磨いていく実験場が用意されていたのである。そしてまた、稲作が未開の地であったという点でも、北海道は、他の植民地にもまして、大幅な収穫増が見込める領域であった。

一九四一年、〈富国〉は正式に満洲の奨励品種になり、実際に蚊河《ウエンフア》県の一部で育てられた。日本の稲による「科学的征服」において、北海道という実験場が果たした役割は小さくない。

〈陸羽一三二号〉の伝播

賢治の米の植民地

〈陸羽一三二号〉の登場

君が自分でかんがへた
あの田もすつかり見て来たよ
陸羽一三二号のはうね
あれはずゐぶん上手に行つた

「稲作挿話」

これは、宮沢賢治の「稲作挿話」の一節である。この詩のなかで、宮沢賢治は生徒に稲作を指導するときにかける何気ない言葉を、淡々と綴っている。〈陸羽一三二号〉と言えば、このフレーズがしばしば引用されるが、〈陸羽一三二号〉という品種の特徴は、むしろその続きにはっきりと書かれてある。

肥えも少しもむらがないし
いかにも強く育つてゐる
硫安だつてきみが自分で播いたらう

この詩（未定稿）が雑誌『聖燈』に発表されたのは、一九二八年三月である。実はこの年は、満洲からの輸入肥料である大豆粕《かす》に、「硫安」、つまり、硫酸アンモニウムが窒素分量換算で並んだちょうどその年でもあった。これを機に、南満洲鉄道株式会社（満鉄）は、一九二七年に大豆粕の飼料転用を試みるため、愛知に飼料研究所を設置することを余儀なくされたほどである。

硫安の席捲

以降、全国的に化学肥料の消費は急伸し、化学肥料の多投にも耐えうる品種が日本を席捲する。西日本では〈旭〉が、北陸では〈銀坊主〉が、そして、東北では〈陸羽一三二号〉が、それぞれ普及し始めるのがこの時代だ。これらの三つの品種を一般に「水稲第二次統一品種」と呼ぶ。〈神力《しんりき》〉（中国・九州平坦部および山麓部）、〈大場〉、〈石白《いしじろ》〉（以上、北陸）、〈愛国〉（関東平坦部および山間部）、〈坊主〉（北海道中央部）、〈亀の尾〉（東北平坦部）が支配的であった「水稲第一次統一品種」時代は、広域をカバーできる三大品種によって終わりを告げたのであった。

ちなみに、「稲作挿話」の「きみ」にはモデルがいる。飛田三郎の「肥料設計と羅須地人協会」(『宮沢賢治研究Ⅱ』一九八一年)によれば、菊池信一だという。やがて、日中戦争のときに徴兵され、戦死することになる菊池は、「石鳥谷《いしどりや》肥料相談所の思ひ出」(石鳥谷は現在の岩手県花巻市)というエッセイで宮沢賢治の農業指導ぶりを回想している。

肥料相談所

その年は恐ろしく天候不順であつた。先生はとうに現在を見越して、陸羽一三二号種を極力勧められ、主としてそれによつて設計されたが、その人達は他所《よそ》の減収どころか大抵二割方の増収を得て、年末には先生へ餅を搗《つ》いて運ぶとか云つてみんな嬉しがつてゐた。たゞそれをきかずに、又品種に対する肥料の参酌もせずに亀の尾一号などを作られた人々は若干倒伏した様だつた。(『宮沢賢治研究Ⅰ』一九八一年)

宮沢賢治は、菊池のような農民でも、寺尾のような官職の研究者でもなかった。地方の技術者であった。彼は農業技術者として、〈陸羽一三二号〉の普及を試みた。ただ、この品種が従来種より多く要求する肥料は、農民たちにはまだ高級だった。「実験室小景」という詩には、「ここらは肥料も買へないわけで」という人びとの不満が記されている。彼が教師として働いた花巻農学校、一九二六年から開いた無料の農業技術相談所である肥料設計事務所、そして、一九三一年から技師として働いた東北砕石工場（酸性土壌改良のための石灰の生産工場）は、まさしく、近代品種〈陸羽一三二号〉と肥料を貧しい農民に接合する場だった。渡辺兵力《ひょうりき》は、「いかなる高度の技術現象にも本来主体的性格の強い「技能性」が必ずつきまとっている」と述べたが（『農業技術論』一九七六年）、まさにこの科学的技術と経験的技能の融合を、宮沢賢治はめざしていたのである。融合の場、言いかえれば、近代技術と農民生活のあいだに起こる激しい摩擦の現場こそ、近代技術の普及の最前線であり、宮沢賢治の創作の場だったのである。

〈陸羽一三二号〉の誕生

〈陸羽一三二号〉は、国家主導の人工交配によって生まれ、大きな成功を収めた初めての品種である。秋田県花館町（現大仙市）にある国立農事試験場陸羽支場でその交配を行なったのが、このころはまだ種芸部主任であった寺尾博と、その助手の仁部富之助《にべとみのすけ》であった。一九一三年の夏の朝、寺尾と仁部は、風をシャットアウトした蒸し暑い温室に裸になってこもった。稲の開花はおおよそ午前九時ころから始まり一一時には完了する。花を閉じるのは午後一時である。その短いあいだに、あらかじめハサミで花の先端を切り雄しべを除いておいた母本〈亀の尾四号〉に、父本〈陸羽二〇号〉の花粉をふりかける。寺尾によれば、その交配によってできた籾はわずかに二粒であったという。一年後に寺尾は育成からはずれるが、仁部を中心にこの二粒を七年にわたって育て淘汰していった末に、〈陸羽一三二号〉が生まれたのである。

図6　稲の花の雄しべを除いて花粉をふりかける（鴻巣試験地）

メンデルの法則

〈陸羽一三二号〉誕生の背景には、一九〇〇年の「メンデルの法則」再発見という世界史的な事件があった。このニュースは世界中を駆けめぐり、メンデルがエンドウマメを実験に使っていたこともあって、植物育種にもすぐに応用された。

交雑によって生じた雑種第一代（F1）では劣性形質は潜在して優性形質だけが現れ（優性の法則）、雑種第二代（F2）では優性と劣性がそれぞれ分離して（分離の法則）、それぞれの遺伝形質は無関係に遺伝する（独立の法則）――この三つの法則をまとめてメンデルの法則と言う。稲は、花粉が同一の花の雌しべの柱頭に附着し、自家受精をする植物であるから、交雑するためには人の手が介入せざるをえない。これまでの品種改良が、突然変異か自然の交雑を待たなければならなかったのに対し、人工交配することで、いままで自然界に存在しなかった品種を、自然界では不可能であった短い期間で作ることができる。〈陸羽一三二号〉とは、まさにこうした品種の先駆けであった。寺尾自身が一九一〇年から導入した純系淘汰法によって育成した二つの品種の交雑によって生まれたのである。病気には弱いが多収で食味が良い〈亀の尾〉と、食味は悪いが冷害に強い〈陸羽二〇号〉のそれぞれの長所を、独立の法則にならって承け継がせようとするのが育種のねらいであった。

民間育種から官営育種へ

一九〇二年、札幌農学校の星野勇三によってメンデルの法則が紹介される以前から高橋久四郎によって実験的に始められていた人工交配は、一九〇四年、国立農事試験場畿内支場（現大阪府柏原市）の加藤茂苞《しげもと》によって、全国で初めて国の試験場で取り入れられ、以後、育種事業の中心は地方分散的な「民間育種」から中央集権的な「官営育種」へとゆっくり移っていく。民間育種家では、人工交配にかかる資金を集めるのが困難だからである。一九〇五年ころには、ほとんどの各府県で純系淘汰された優良品種を指定し奨励するようになった。

それから一〇年あまり経った一九一六年三月三〇日、一連の整備の締めくくりとして、農商務省は、全九条の「米麦品種改良奨励規則」を公布し、品種改良を行なう農事試験場と、各道府県に採種圃を設置し農民指導にあたる技術員配置を行なう道府県農会に、国庫から奨励金を援助することを決める。これによって、人工交配事業とその普及も国の援助のもと進められるようになった。また、地方への技術普及も活発化する。たとえば、同じ年の夏に、東京西ヶ原にある国立農事試験場で講習会が開かれ、全国から農業指導者や篤農家を集めて、講義・実験・技術指導が行なわれた（加藤茂苞は「育種の実際について」というテーマで講義を行なっている）。同年、農商務省農務局は育種の基本的な知識を分かりやすく解説した『米麦品種改良に関する参考資料』を作成し、全国の育種家たちの技術の向上と画一化を図る。メンデルの論文の邦訳『植物ノ雑種ニ関スル試験』が育種技師の永井威三郎《いさぶろう》の訳で出版されたのもこの年だ。

〈陸羽一三二号〉は、西の〈旭〉、北陸の〈銀坊主〉とならんで、農民たちに根強い人気があった。山形県では、〈陸羽一三二号〉が育ちにくい環境でもあえて育成する農家が絶えなかったという。庄内の民間育種家、佐藤弥太右エ門はこう述べている。「庄内でも食味本位として陸羽百三十二号を特に奨励しておりますが、山間或は山麓地域には適していますが、平野部には不適当な土地も相当あるから斯様《かよう》な所では陸羽百三十二号より食味は稍《やや》劣っても耐病性に強いもので米質も良い品種を選び出して声価挽回に努める事にしたのであります」(「水稲の品種改良に就て」『山形県農会報』二二巻、一九三九年)。食味が良く、精米したときの白米の仕上がり率が高いため、市場の評価が非常に高かったのである。

〈陸羽一三二号〉への熱狂と反発

〈亀の尾〉

この〈陸羽一三二号〉の国内作付面積の変遷は、表2のとおりである。一九三四年の冷害に耐え、生産者の〈陸羽一三二号〉に対する信頼が高まったころから、急速に普及し始めたことが分かる。逆に言えば、育成されてから実際に普及し始めるまで、かなり時間がかかっていることが読み取れる。それはなぜだろうか。

その理由として、農民たちが〈亀の尾〉を手放さなかったことが挙げられよう。〈亀の尾〉は、山形県庄内地方大和村に住む農民、阿部亀治によって育成された（このとき阿部は〈亀ノ尾〉と命名したが、以下の表記は原則として一般的に使用される〈亀の尾〉を用いる）。阿部は、水田一〇アール、畑七〇から八〇アールしか持たない小作農であったが、近隣の篤農家と交わりつつ、農業技術の勉強に励んだ。庄内村の熊谷神社にお参りに行く途中で、冷害にもかかわらず一つの株から三本ほど結実している在来品種〈惣兵衛早生《わせ》〉の稲穂を発見し、それを譲ってもらって、二年ほど実験をしたあと、三年目に自分の水田の水口（水温が他の場所に比べて低い）に植えたところ、その水温の低さにもかかわらず生育が良好な株を見出し、それを選抜して育成した品種であった。その貢献から、阿部亀治は、一九二七年に藍綬《らんじゅ》褒章《ほうしょう》を授与された。

永井威《い》三郎《さぶろう》は、この〈亀の尾〉の特徴をこう表現している。

草丈やや高き分、分蘖《ぶんげつ》〔茎の根に近い節から新しく茎が発生すること〕中位、無芒。粒は中大で円く、腹白やや多きも品質良し。但し稈甚《はなはだ》弱く、容易に倒伏し、且つ稲熱病にかかり易く、多肥に耐えぬを欠点とし、

表２　〈陸羽132号〉の作付面積の変遷

年	面　積	順位	全国の作付面積に占める割合
1925	9,900		
1932	122,000		
1935	187,363	3	6.1
1936	224,058	2	7.3
1937	230,105	2	7.5
1938	228,551	2	7.5
1939	224,109	2	7.4
1955	33,274	14	1.1

（出典）　加用信文監修『改訂日本農業基礎統計』（1977年）188〜189ページ、農政調査委員会編『体系農業百科事典』第２巻（1966年）197ページをもとに作成。

（注）　表中、面積の単位は町、割合の単位は％。1955年は上位20位以内に入る最後の年。

豊凶の差は相当著しい。収量も相当多く、飯米としての食味の宜しきと、醸造米として良酒を造るに適すと称せられ、その方面で歓迎せられる（『日本稲作講義』一九二六年）。

こうした性質から、一九一〇年に仙北平野で〈亀の尾〉が稲熱病《いもちびょう》にたたられ、大幅減収となった。秋田の民俗研究者である富木友治《とみきともじ》は、〈亀の尾〉のことを、「貴族的な女性品種」と表現している（「東洋のファーブル・仁部富之助」『野の鳥の生態1』一九七九年）。

にもかかわらず、東北に君臨する〈亀の尾〉をまえに、〈陸羽一三二号〉の普及はかならずしもうまくいかなかった。すでに述べたとおり、〈陸羽一三二号〉の作付面積が〈亀の尾〉のそれを超えたのは、一九三〇年代も半ばにさしかかってからであった。東北の農民たちや地主たちが馴染《なじ》んだ品種をなかなか手放さなかったのである。よく指摘されるのは、後掲の稲塚権次郎の回想に見られるように、

稲塚権次郎の回想

〈亀の尾〉の粒は大きく、〈陸羽一三二号〉の粒は小さいことだ。農民たちの多くは、大きな粒の方が小さな粒よりも収量が多いと信じていた。米の粒の大きさよりも分蘖が多い方が収量も多いということが科学的に証明されたあとも、農民たちは大粒の〈亀の尾〉を手放そうとしなかった。人間の感覚は容易に変わるものではないのである。

では、〈陸羽一三二号〉の開発者たちは、農民たちの反応をどう見ていたのだろうか。一九一九年一二月、陸羽支場に技手として着任して、〈陸羽一三二号〉の育成に携わり、戦後、後発国の生産量を大幅に上昇させることになる「奇跡の種子ソノラ」の「祖父」＝〈小麦農林一〇号〉を育成した稲塚権次郎の「水稲農林一号の生い立ちについて」と題された回想を見てみよう。

当時農家の参観が随分多かつたが、逸早く配布を受けて試作していた農家の成績も〔試験場での実験と〕同様に陸羽一三二号が断然好成績を示したので大評判となり、陸羽一三二号の配布願が殺到して結局一農家一勺〔＝一〇分の一合〕宛《まで》の配布に制限したのもその頃のことであり、この種籾を売つて大儲けをした農家もあるとのことであつた（『農林一号と並河顕彰会』一九六三年）。

〈富国〉と同様、〈陸羽一三二号〉もまた、農民たちの熱狂を喚起したことが、この文章からよく分かるだろう。ただ、〈陸羽一三二号〉がもたらしたのは熱狂だけではなかった。

秋田県は未だ奨励品種にも採用せず、穀物検査所は標準米を亀の尾にとつているので、亀の尾よりも小粒の陸羽一三二号はいつも亀の尾よりも下位等級になることが農家の不満であつたので、中富貞夫さんと一緒に陸羽一三二号の宣伝講演に廻つたところ、寺尾先生から県の奨励品種にもならぬものを宣伝するのは品種改良事業組織を乱すとのお叱りを受け、県や穀物検査所の無理解を説いて了解を求めたり、北大の田所〔哲太郎〕博士（秋田県出身）が、当時灘の銘酒を凌ぐ名声を博した爛漫、両関等秋田酒の原料は亀の尾によるのだから陸羽一三二号の普及は問題との新聞発表に対して論戦をかわし秋田農界注目の的となつたのもその頃のことである（前掲書）。

寺尾博の「神様」

このように、寺尾博は、この品種の普及の障害である「農家の不満」に敏感にならざるをえなかった。一方で、いったん受け容れられた〈陸羽一三二号〉が、農民たちの合理的な判断というよりは、その投機的な心理によっても支えられていることを寺尾は理解していた。一九三五年、雑誌『農業』六五二号で、寺尾は、大冷害年の一九三四年に青森で「一段当り玄米四石」の収量を挙げた青年篤農家に対し、日ごろの研究の賜《たまもの》であると評価しつつも、次のように釘を刺すことを忘れなかった。すなわち、相当な肥料が施されていたであろうが、もし気候が良好の年ならば「多量の肥料」が「急速に吸収されて」「茎葉が繁茂し過ぎて、光熱が不足することになり、稈が軟弱となって稲株が倒伏」するという事態になる、と。「天候と品種と耕種法」の調和を、つまり、作り手の過剰な欲望に対する戒めを、寺尾は切々と説いているのである。

こうした背景からすれば、寺尾が、一九三六年七月一一日に、秋田県由利郡農会で地元の農民指導者たちが開催した品種改良感謝祭記念講演会「農作の理法」(三四ページの小冊子として残っている)で、技術者も農民の「神様」に対して感謝せねばならない、と力説したことも理解できるだろう。そのとき聴衆の手元に配った半紙一枚の謄写刷りに記されていたのは、宮崎安貞『農業全書』の次の一節であった。「其れ農人耕作の事、その理《ことわ》り至りて深く稲を生ずるものは天なり。是を養ふものは地なり。人は中《うち》にゐて天の気により土地の宜しきに順《したが》ひ、時を以て耕作につとむ。もしその勤《つとめ》なくば天地の生養を遂ぐべからず」。寺尾は、この宮崎安貞の言葉に依りつつ、以下のように述べるのである。

水稲陸羽一三二号、これが出来上つて殊に気候の悪い土地などに於ても立派な成績が挙つて農民諸君に実際に利益を与へて居る。かういふところから諸君が此の品種の出て来たことに対して感謝の心を表明する。有難いといふ心を明らかにしようといふので、かういふ催しをされたといふことでありますが、誠に結構なことで、有難いと思はなければならんと思ひます。しかしそれは誰に有難いと思ふのか、天地の理法に対して即ち神様に対して有難いと思はなければならんのであります。

(前略)私は此《この》品種の出来たことを感謝して居ります。諸君も此品種によつて得る利益について感謝されるでありませう。私共も此品種の出来たことを深く感謝いたします。何故か、それは私共の側に於て天地生養の道を立てるために私共の仕事が、其の目的に可なり或る程度叶ふやうな成績が挙ったからであります。

地元の農業指導者たちの開催した「祭」の「祭壇」で、寺尾が『農業全書』を「教典」に「神と科学」の融合を説くというイメージさえ禁じえない一節だ。寺尾は、技術者であるとともに、宗教家のようにもふるまいながら、〈陸羽一三二号〉を技術者の開発ではなく、神様の恵みであると説いた。神様、つまり天地の理法のまえでは、農民も開発者も同等である、という態度を示すことで、新品種に対する正当性を創出するとともに、天地の理法に背けば、どれだけ新しい品種でも凶作をもたらすことを、この一節は伝えようとしている。

仁部富之助の「野鳥」

〈陸羽一三二号〉の関係者にはなぜか表現者が多い。その普及に熱心だった宮沢賢治ばかりではない。〈陸羽一三二号〉の実際の育成者で、鳥の研究者であった仁部富之助《にべとみのすけ》は、一九三六年一一月に『野の鳥の生態』を上梓している。徳富蘇峰はこの本を絶賛していた。「著者の観察の周到、綿密にして、且つ其の着眼の非凡なる、苟《いや》しくも一たび本書を披《ひら》けば手を釈《お》く能はざらしむるものがある」（『日日新聞』一九三六年八月一九日）。この本の序を書いた鳥類学者の内田清之助（「日本野鳥の会」の設立発起人の一人）も、「小説以上に興味深甚」「科学の扉に、はつらつたる生気を吹き込んでくれた」「面白い読み物」と記している。

たとえば、ツバメの一夫一妻制（「同質配偶帰還」）の例外を観察した第一章「ツバメの夫婦」では、途中で生き別れた元夫が、元妻とその新しい夫の巣へやってきて、元妻と血みどろの戦いを繰り広げる様子を描いている。しかし、元夫も「若いツバメ」も行方不明となり、その後、第三の男が現れる――というような物語を綿密な観察力と洒落た文体で描いている。「東洋のファーブル」と呼ばれた仁部の描写力は、やはり特筆すべきだろう。大黒富治も〈陸羽一三二号〉の育成に関わった人物だが、詩人でもあった。「新発見に心昂《たかぶ》りて君と二人郭公の雛の抱卵運動を写真にとりき」という仁部を詠《よ》んだ短歌も残って

図7　仁部富之助

いる。

ところで、この仁部は、一九四一年ころ、「陸羽一三二号はまだ栽培面積のトップを占めているが、もうそろそろもっといい品種に代わってもいいはずだが」ということを弟子の一人にもらしたという（富木友治「東洋のファーブル・仁部富之助」『野の鳥の生態1』一九七九年）。たとえば、日本の〈コシヒカリ〉のように、同じ品種がずっと用いられることへの技術者の危機感を、仁部は抱いていたのだろう。

板谷英生の批判

以上のような人物たちによって開発され、普及した〈陸羽一三二号〉に対し、仁部と同じような不安感、もっと言えば、不信感を持つ人物もいた。たとえば、幼少期に朝鮮半島に移住した経験を持つ民間の農村研究者の板谷英生《いたやえいせい》である（川村湊『満洲崩壊』一九九七年）。板谷の『東北農村記』（一九四二年）には、〈陸羽一三二号〉に対する最も厳しい批判が書かれてある。以下は、一九四一年九月二四日の日付が記されている報告および主張である。

東北の稲作はこの冷害の受難史だが、「彼等は幾度ひどい目に遭つても性懲《しょうこり》もなく、一番獲れて一番高く売れる米を作らうとする。前年の作柄さへよければわれもわれもと争つてその品種に集つて来るのである。その揚句、こつぴどく叩きつけられ、更に翌年はそれを取り戻さうと焦慮《あせ》つて再び危険が冒されるわけだ。これを或る百姓は極めて適切に表現してゐる。「百姓は博打をやつてゐるものだ」」。そして、板谷はこう続ける。

一方科学陣営では、寒冷な気候を回避すると云ふ方法でなく、これを正面から乗りきる闘争も行はれている。云ふまでもなく、非常に耐冷性、耐病性を持つた品種の創出である。（中略）設備の不充分、人員の不足、そしてひどく地味な仕事にも拘らず、涙ぐましい努力が夜を日に継いで強行されてゐる。だがそうして固定されるどの品種も僅かな低温にもろくも破れ、未だ冷害を乗り越へるほどのものは何処にも育成されてゐない。

板谷に言わせれば、〈陸羽一三二号〉でさえ、耐冷性が十分とは言えなかった。なかなか万能な品種が育成されない理由を、彼は米の商品性に求める。米の品種改良が市場の欲望に引きずられすぎだ、というのが彼の結論である。

この欠陥は、何処にあるだらうか。研究の貧困、農家への科学知識の普及の障害については（これは重要なことであるが）暫《しばら》くおく。私は絶対的耐病性耐冷性の品種が固定されない最も大きな原因は米の持つてゐる商品性にあると考へてゐる。云ひ換へれば東北の稲作は食味が顧慮される限り安全な品種の固定は先づ困難ではないかと思はれてならない。東北の凶作飢饉は、武士階級、米穀商、近代の都会人の麻痺した味覚、即ち歪曲された米の商品性によつて惹き起こされた部分が少なからずあるように思はれる。（中略）「陸羽一三二号」の固定に当つてどうしてお姫様のような「亀の尾」を持つて来なければならなかつたか。その理由としてはすぐ食味のことが云はれるが、その食味たるや要するに都会人の茶室趣味に過ぎず、栄養の点ではむしろ低いものである。都会人の不健康な味覚を基礎にした米の商品性は凶作を惹き起し、極めて低度な生産力と相俟つて飢饉に転化し、東北の農家を次第に窮乏に追ひこんだものと私は考へてゐる。

「博打」「米の商品性」「麻痺した味覚」「お姫様」「茶室趣味」といった言葉は、当時の〈陸羽一三二号〉への批判としては最も厳しい部類に入れられるべきだろう。「絶対的」な耐冷性や耐肥性を持つ品種など、どれほど食味を無視して開発したところで容易に得られるものではない。ゆえに、板谷の辛辣さがやや現実離れしているという批判も十分にあり得る。ただ、〈陸羽一三二号〉が味覚を麻痺させたという指摘は、逆説的にこの品種の普及は、単に生産者の熱狂のみならず（「性懲もなく」売れる米しか作らない農民）、消費者の理性を超えた部分によっても支えられていたことを示唆するものと言えるだろう。

市場の反応

では、市場から〈陸羽一三二号〉はどのように評価されていたのだろうか。沢田徳蔵は、大阪の堂島米穀取引所受渡課での実務のかたわら、品種の研究を行なっていた。彼の『米の消費地の研究と米の品種論』（一九三九年）は、研究書と言うよりは、むしろ芸術批評のような品種の批評である。ここで沢田が一貫して主張するのは、時局に適応した品種選びをするべきだ、というものである。水を容易に飲めない中国の「山西戦線」の兵隊の写真を新聞で見て、「もう、風呂上がりに、ビールを飲めない」と思った沢田の時局観は、食味の良い〈陸羽一三二号〉、つまり、「最も際立つた特徴並《ならびに》特長を有し、善きにつけ悪しきにつけ最も批評・論議の対象となる品種」にも向けられる。

たとえば、「第二節　問題の品種・陸羽一三二号」で沢田はこう述べている。たしかに、「時勢の尻馬に乗つた「質より量」と云ふ美名の下に、陸羽を排撃せんとする傾向を発見する、然《しか》し此考へ方の妥当するのは冷害の虞《おそれ》のない平坦部の話であつて、冷害の虞のある地帯に対しては絶対に誤謬である、冷害地帯に対する陸羽の質は美味に非ずして其耐冷性にあるのである」。だが、陸羽は、冷害地帯以外ではそれほど多収穫ではない。

陸羽の味に惚れた東京市場は、か丶る地帯に対して迄《まで》無暗に陸羽を勧め・福坊主〈民間の品種〉其他の品種をボロクソにけなしたものである。之は明《あきらか》に東京市場の行き過ぎであるが、時恰《あたか》も米が過剰で産地が市場の鼻息を窺ふに汲々たる時代から・引続き統制法の公定格差を自県米に有利ならしめんとして市場声価の引上げに専念する時代に面した為、此行き過ぎた陸羽礼賛論も案外産地側の聴従を受け、陸羽を作る必要のない地帯迄陸羽を作るに至つたのである。東北に於ても其例はあらうが、北陸関東東海道に迄陸羽の作付あるは此弊の好例であると思ふ。況《いわ》んや長野あたりが其陸羽の宣伝会を東京市場に開くが如きは、若《も》し其目的が真に東京への移出販売を企図する為ならば、甚だしき東京への盲従・無反省な品種政策と云はれて止むを得まい。

沢田は「東京市場の陸羽礼賛は富山石川あたりに迄陸羽を勧めるのだから、我等から云へば噴飯物・技術者から見れば憤慨物である」とも言う。この意味で「質より量へ」というモットーのもと〈陸羽一三二号〉を排撃するのは「正当」だ、と断じる。植民地朝鮮の西北では冷害があるので〈陸羽一三二号〉が作られやすいが、「東京市場が油をかける」こともその理由の一つであり、もっと多収量の新品種が育成されることを望んでいる、など植民地への言及も多い。品種改良が都市の住人の味覚に振り回されるという東京市場批判であり、この点で板谷と通じるところがある。沢田は、県・道別の〈陸羽一三二号〉の普及率（％）を示した下記のデータを持ち出し、〈陸羽一三二号〉の普及の過熱ぶりを説明しているのである。

〈内地〉

青森　二七・八　岩手　三九・二　秋田　六七・二　宮城　二三・五

山形　一九・九　福島　二二・六　栃木　四・八　長野　一一・〇

新潟　一三・〇　岐阜　一・〇

〈朝鮮〉

黄海一三　平南三七　平北七二　江原二九　咸南四三

新潟や長野など、冷害の心配の少ない地域でも〈陸羽一三二号〉が栽培されていた様子がうかがえる。その理由として、沢田は、市場の「陸羽礼賛」を挙げ、それを問題視しているのである。ちなみに、沢田の品種批評は、上記の引用でも見られるように、ユーモラスな文体で記されている。これは、〈陸羽一三二号〉の存在が近代科学の理論のみならず、民衆の俗情に根ざしていて、捉えがたく、また、侮りがたいものであることを暗に示している、と言えよう。

宮沢賢治の農業に対する豊かな感性、寺尾博の科学の再神話化、仁部富之助の洒脱なエッセイ、沢田の独特な品種批評。一方で、農民たちの博打的心性、感謝の気持ち、熱狂……

科学的な手法で開発された〈陸羽一三二号〉の特質は、こうしたものによっても、支えられていたのである。

満洲の〈陸羽一三二号〉と〈農林一号〉

満鉄農事試験場

満洲の稲作は、朝鮮半島から満洲の南部を中心に移民してきた朝鮮人農民によって担われていた。移民は、一九世紀の中ごろから断続的に行なわれていたが、一九一〇年八月二九日の「日韓併合」後に困窮化し、満洲に逃げ道を求めた朝鮮人も多かった。最も広く用いられていた品種は、朝鮮の在来種〈京祖〉であった。〈京祖〉は食味も良く栽培もしやすいが、成熟期になると脱粒しやすいという欠点を持つ。また、肥料に対する反応も芳《かんば》しくなかった。

朝鮮人農民が栽培に慣れていた在来種から日本産優良品種への移行を試みたのが、満鉄農事試験場であった。一九〇六年一一月に設立された満鉄は、一九一三年、公主嶺に産業試験場を設置、熊岳城《ションユエチュアン》にも分場を置き、一九一八年一月には、産業試験場を農事試験場と改称した。『南満洲鉄道株式会社農事試験場要覧』（一九一九年）によれば、その目的は「専ら満洲重要農作物の改良増殖に関する試験と畜産改良に関する試験研究を行ふこと」であった。当初の研究は、大豆・高粱《コーリャン》・粟・トウモロコシ・亜麻・綿花・綿羊などが主であったが、満鉄附属地近辺の日本人の増加による米の消費量の増大や、米騒動を契機とする産米増殖計画の刺激などにより水稲面積は急激に増え、農事試験場も内地から優良品種を取り寄せて、さらに交配育種に努めた。

一九二九年、満鉄農試熊岳城支場は、〈陸羽一三二号〉を奥羽試験地から取り寄せ、品種比較試験を開始する。〈陸羽一三二号〉は、一九三四年ころから南満洲を中心に普及し、一九四一年の満洲農産物の奨励品種査定委員会で、〈富国〉とともに奨励品種粳《うるち》一六種のうちの一つに選ばれた（粳とは糯《もち》ではない普段食用の米のこと）。なお、他にも、熊岳城農試で育成された〈興国〉〈興亜〉〈弥栄《いやさか》〉といった「育種報国」を地でいくような名称の内地種交配品種も選ばれている。一九四〇年産の南満洲における〈陸羽一三二号〉と〈京祖〉の作付比率は、図8のとおりである。地域によって差があるが、全体としては、在来種の〈京祖〉を二％ほど上回っている。

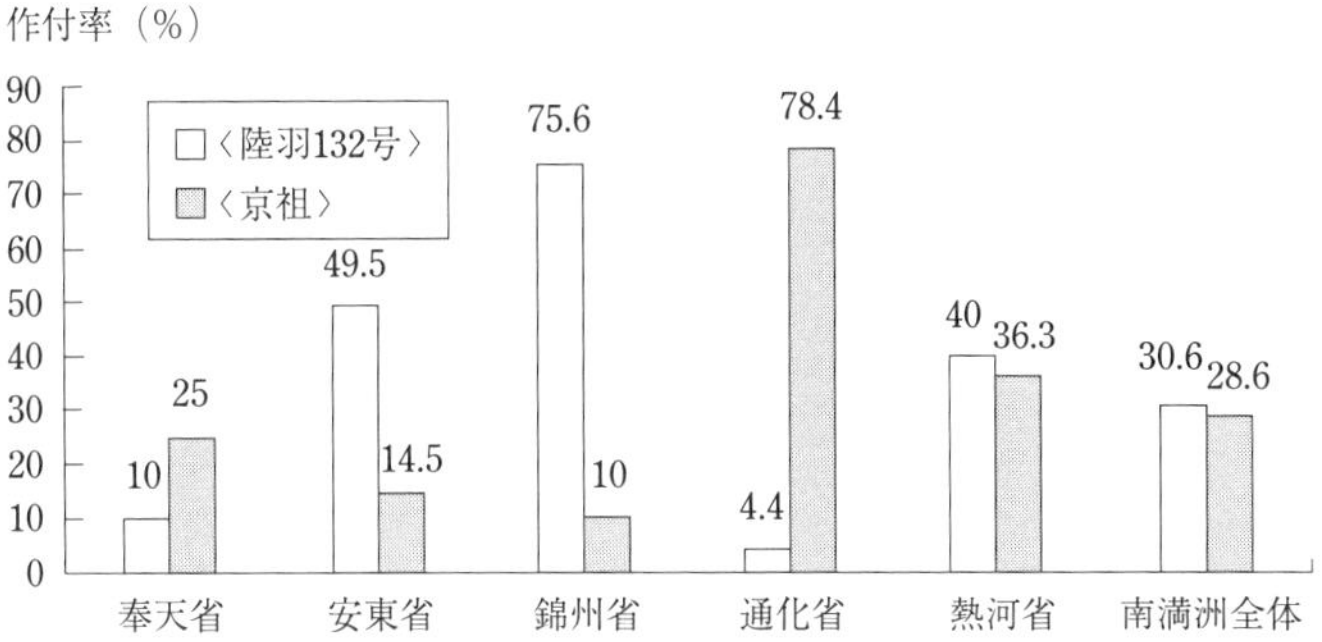

図８　南満洲における水稲作付面積率

（出典）　満洲農学会編『満洲水稲作の研究』（1943年）21ページをもとに作成。

〈農林一号〉

そして、〈陸羽一三二号〉のあとの主要品種として期待をかけられていたのが〈農林一号〉である。実は、この〈農林一号〉の父は〈陸羽一三二号〉であった。庄内の農民が発見した北陸の気候に合う短稈《たんかん》早生《わせ》の〈森田早生〉を母本とし、その雌しべに東北型の〈陸羽一三二号〉の花粉をふりかけて交配したのが、〈農林一号〉なのである。

では、〈農林一号〉とは、どのように生まれた品種なのだろうか。

一九二六年、寺尾博は「水稲育種試験地事業」の整備に着手する。これによって、全国は九つの生態系に分けられ、兵庫県・新潟県・熊本県・宮城県・埼玉県・岐阜県・島根県・高知県・北海道のそれぞれに指定試験地が置かれた。雑種第三代

（F3）のころまでの人工交配の初期世代の選抜は、鴻巣《こうのす》試験地と奥羽試験地が担当するが、その後、九つの指定試験地は、配布された育種材料について検査試験を実施し、有望な系統を選抜し、形質を固定することができれば、系統名をつけ、各道府県の試験場に配布することができる。各道府県農試は、適応性試験の結果、地域に適した有望な株が見つかれば、奨励品種に採用し、県内に普及させる。そして、農林省が新品種候補審査会を開き、その審査を経て新品種を認定する。これらが、水稲農林番号品種として登録されるのである。

まさに「国の農事試験場を頂点としたピラミッド的組織」であり（酒井義昭『コシヒカリ物語』一九九七年）、水稲育種という「科学の体制化」（広重徹『科学の社会史』一九七三年）の完成を意味していた。品種改良の主導権はほぼ完全に国家の手にわたったのである。欧米のように企業が穀物品種の改良事業に参入することもなく、国家が独占的に主要穀物の品種改良を担っていくのは、日本の特徴である。こうして、品種に組み込まれた遺伝情報は、各地域の民間育種家の手から離れ、世代を超えて伝承される国民の「文化遺産」となったのである。

図9　稲の主要品種（右から〈坊主〉〈愛国〉〈陸羽132号〉〈農林１号〉〈旭１号〉）

このシステムで育成された最初の品種が〈農林一号〉だった。

育種に携わった主な人物は、技師の並河成資《なみかわしげすけ》、そして技手《ぎて》の鉢蠟清香《はちろうせいか》と助手の村山幸栄である。技師・技手・助手というのが、農事試験場の各部の基本的なヒエラルキーであった。

並河成資の仕事ぶり

並河は、一八九七年八月一六日、京都府南桑田郡曽我部村に生まれ、一九一五年四月に東北帝国大学農学部予科に入学した。一九二四年に東京帝国大学農学科を卒業後、一年志願兵として歩兵第二〇連隊に入隊、兵役を終えた一九二五年に結婚した。同年一二月九日、並河は、新潟県長岡市の農事試験場北陸水稲試験地主任として赴任する。〈森田早生〉と〈陸羽一三二

図10　並河成資

号〉の交配をした雑種第五代の種子が、農事試験場奥羽試験地（旧陸羽支場）から並河のもとに送られてきたのは一九二七年。早速、選抜を開始し、雑種第九代、つまり一九三一年に〈農林一号〉を育成した。その選抜の過程を、丸山義二は、ドキュメンタリータッチで次のように描いている（丸山は、プロレタリア文学出身で、のちに転向し、翼賛的な農民文学作家になった経歴を持つ）。

まず、イネを刈り取るまえ、系統別によい穂をえらんで、イの何番とか、ロの何番とか、一株一株に番号をかいたこよりをむすびつけておく。そうして、ながい冬のあいだ、毎日、毎日、作業小屋にこもって、綿密な室内実験をつづける。稈長《かんちょう》、穂長をはかり、穂数、穂重、粒のつきぐあいを調べ、それがすむと、いよいよ本番にはいって、村山助手が例のこよりの番号をよんでは一株一株と並河技師へ手渡していく。

それを並河がうけとって、きらりと一瞥、「イの三番、上の下」とか「ロの十番、中の上」とか、ひらめくような早さで、等級をつけていく。それをうけて、一つ一つ、オウムのようにくりかえしながら、鉢蠟技手が記録にとっていく（「並河成資」谷川健一他編『ドキュメント日本人2　悲劇の先駆者』一九六九年）。

並河は、背の高いスポーツマンで、テニスやスキー・卓球などさまざまなスポーツに打ち込んだが、仕事場では無口で、黙々と仕事をこなしていた。その熱心な仕事ぶりは、さまざまな人びとの記憶にとどめられている。たとえば、助手だった村山は後年こう回想している。

中折帽に白い作業着、ズボンをまくり上げて裸足、田に入らない時はズックの運動靴、これが圃場《ほじよう》で働かれる時のいでたちで、長岡時代に一貫された姿である。

仕事中は話されることは殆《ほと》どなく、鼻歌のような声もなく、ただ黙々と仕事に打ち込んでおられたのであるが、これはまた、たくまざる陣頭指揮であったとも思い出されるのである。

いつも冬の初めころ、かなり長い期間に亘つて、寒い調査室の一隅で株抜きしてある初期世代について並河技師、鉢蠟技手、私のチームワークで個体調査をするのであつたが、並河さんは米質判定の部分を分担されて、毎日朝から晩まで、中ノ中、中ノ

中、中ノ上……といったふうに読み上げる以外は一言もされない。

よくもあきもしないで機械のごとく定刻的に狂いもなく続くものだと感心させられたものである。並河さんは米を嚙むくせがあつて、このような仕事中にも時々無意識に二、三粒口に放り込みポリポリ嚙んでおられた（『農林一号と並河顕彰会』一九六三年）。

このような並河たちによって重ねられた地味で単調な仕事の末に、〈農林一号〉が誕生するのである。

満洲の農林系統

〈農林一号〉は、早生・多収・良質で、かつ北陸待望の早場米として急速に普及する。そして、〈農林一号〉は海を越え、満洲国にも根づく。一九三四年には、熊岳城にある満鉄農試分場が〈農林一号〉を取り寄せ、試験を開始している。一九四〇年に奨励優良品種として選ばれた〈農林一号〉は、最南部地域で二〇%、南部地域で一五%の割合で奨励されている（以下、横山敏男『満洲水稲作の研究』一九四五年）。管見の及ぶ限り最も新しい調査は、一九四二年七月下旬ころに横山敏男が行なった調査である。海城県では、上から〈農林一号〉六〇%、〈陸羽一三二号〉二〇%となっており、〈農林一号〉が〈陸羽一三二号〉を抜いてトップに躍り出ている。また、瀋陽《シエンヤン》県でも〈農林一号〉、〈陸羽一三二号〉、〈亀の尾〉や〈衣笠〉（高知県由来の品種）が主な作付品種であるという記述もある。満洲国全体として見れば、〈農林一号〉の占める割合はまだまだ少ないが、横山の言葉を借りるならば、「大東亜戦争の勃発とその長期化に伴い、食糧の増産と之が配給の適性化は戦力増強の重要なる一環として最大且つ喫緊の問題」であり、「満洲に於ける米作の歴史は極めて浅く、その技術的経営的生産力の段階は未だ幼稚の域」を脱していない以上、戦時の満洲南部地方における〈農林一号〉の普及は必要不可欠の技術的課題であったにちがいない。ちなみに、北海道農事試験場上川支場で交配された農林系統である〈農林一一号〉と〈農林二二号〉は、その卓越した耐冷性ゆえに満洲北部にも伝播したという。しかし、満洲国は、農林系統品種による稲作の展開をほとんど見ぬまま崩壊を迎えた。

横山敏男は、『満洲水稲作の研究』の「結論　満洲水稲生産力の隘路《あいろ》と之が打開」で、「北方寒地農業としてこの水稲作のもつ自然的技術的限界が反省せられて、むしろ米に関する限り南方資源に依存すべきであり、米に代はるべき」という「声」を批判して、こう述べている。

東亜圏内全体の米穀需給よりすれば、日本内地は仏印・タイに依存すべきでなく、むしろ仏印・タイの米穀は支那に振り向けられるべきであり、内地の不足分は朝鮮、台湾等外地 竝《ならび》に満洲をも含めてのブロックに依存すべきであり、第七十六議会に於ける井野農相の言明もまさにその通りであつた。

しかし、「東亜圏」の言わば稲作劣等生である満洲国には、総力戦体制のなかで、農相井野碩哉《ひろや》や横山が主張するような稲作拡大の余力は残されていなかった。ハルピンにある「開拓研究所分所は水稲作の研究を馬鈴薯の研究に改め」ざるをえなかった。このような物資不足・食糧不足の戦争末期においてさえ、横山が最も期待をかけたのは、やはり稲の品種改良であり、奨励品種の普及であった。その理由を横山は日本内地の品種改良の歴史に見る。「明治以後に於ける日本内地に於ける稲作生産力発展は、勿論化学肥料の導入に依ることも多いが、その最大なものは在来品種を淘汰して、優良品種を経営内にとり入れていつたことに依る」。そして、そのためには——

台湾に於て蓬莱種を普及するために、警官立会の下に強制的に農家手持の在来品種を交換せしむる方策がとられたことがあるが、恐らく新品種の普及のためには、そのやうな荒治療も当然考へていいことであり、そのため国立の原種圃、省営県営の採種圃の採種系統が厳然と体制化せられ、適期を誤またず農家に手交されてゆかねば、結局試験のための試験、奨励のための奨励に終ってしまふ虞《おそ》れがある。

横山敏男は、かつてプロレタリア文学の理論家「池田寿夫《ひさお》」として名を馳せた転向者であった。彼は、『満洲水稲作の研究』の特徴として、「足まめに全満主要米作地帯を歩き回り、白衣の鮮農をオンドルの上で具体的に調べた生きた報告の蒐集である」と自負し、「鮮農の実態を明かにすることはそのまま満洲水稲作の自体を明かにすること」であると誇っていた。また、満洲を日本の文化一色で塗りつぶしてはならない、日本の開拓民は「鮮農」が時間をかけて築いた既存の水田を奪ってはならず開墾すべきだ、と帝国日本農政を戒めてさえいた。「鮮農」の多くが優良品種の米を食べられず、粟《あわ》や雑穀を食べていたことも知っていた。

戦前の農村調査のなかでも、『満洲水稲作の研究』は、猪俣津南雄《いのまたつなお》『踏査報告窮乏の農村』（一九三四年）や板谷英生《いたやえいせい》『東北農村記』（一九四二年）に匹敵するかそれ以上の濃密さで生活実態に寄り添った稀有の著作である。それだけにいっそう、新品種の普及における「荒治療」という言葉は浮いている。たしかに、「荒治療」と「鮮農」への愛着は、横山のなかで矛盾してはいない。優良品種の普及は、横山にとって、おそらく「鮮農」を貧困から救い出す最も容易な速効性のある手段だったからである。ただ、横山は言う。「肥料が肥料としての効果をあげるためには、改良された品種の普及が先行しなければならぬ。（中略）肥料の増投は優良品種の普及によつて基礎を与へられるのであり、経営の集約度を強め、高度化するといふことは品種の問題が解決されてからである」。横山が、オンドルで語り合った「鮮農」の救済策として、肥料に依存した品種改良中心主義を選ぶことしかできなかったのは、「満洲国」の崩壊に先立つ、もう一つの悲劇として記憶にとどめるべきであろう。

朝鮮農事試験場と〈陸羽一三二号〉

茂苞はんの朝鮮

宮沢賢治は、故郷の花巻周辺からほとんど出ることなく、一九三三年九月二一日に没する。だが、宮沢賢治が奨励した〈陸羽一三二号〉は、日本の東北地方にとどまらず朝鮮半島と大陸の「科学的征服」を進める。一九三五年ころからは「早期栽培用として鹿児島県の種子島に導入された」し、すでに一九二三年には、植民地朝鮮の咸鏡南道農事試験場が〈陸羽一三二号〉を取り寄せ、比較実験している。では、〈陸羽一三二号〉はどのように朝鮮半島に普及したのであろうか。〈陸羽一三二号〉に限らず日本産優良品種の普及全般に最も重要な役割を果たしたのが、朝鮮の勧業模範場、のちの農事試験場であり、第四代場長の加藤茂苞《しげもと》であった。

図11　加藤茂苞

加藤は、一八六八年五月一七日、山形県庄内地方の鶴岡で士族の長男として生まれた。この地方は、一八九三年に第一次統一品種の一つ〈亀の尾〉を育成した阿部亀治をはじめ、全国的に著名な民間育種家を多く輩出している。一九二七年の秋には、庄内の民間育種家工藤吉郎兵衛にイタリアの稲の品種と〈高野坊主〉という品種を送り、工藤が〈日の丸〉を育種するきっかけを与えるなど、地元との交流は加藤が農事試験場に勤めてからも続いていた。「加藤茂苞に技術革新の教えを受けた庄内の多くの在村指導者は茂苞を音読みにして「茂苞《もほう》はん」と呼んで敬愛した」という（菅洋『稲―品種改良の系譜』一九九八年）。

当時、朝鮮農事試験場の種芸部主任であった永井威三郎《いさぶろう》は、加藤について、「温厚謹直容姿端正で士風を具え」ていたが「多少蒲柳《ほりゅう》の質であった」と後年ふり返っている（「先覚をかたる＝加藤茂苞先生と稲」『農業及び園芸』第四一巻第六号、一九六六年）。にもかかわらず、加藤の活動は日本と朝鮮にまたがるほどに精力的なものであった。一九〇九年、農事試験場畿内支場で全国初の人工交配による育種を成功させたあと、一九一三年に農事試験場陸羽支場長、一九二一年には、九州帝国大学農学部教授となり教鞭をふるう。加藤が朝鮮総督府勧業模範場（一九二九年以降、朝鮮総督府農事試験場に改称）場長に就任したのは、一九二六年三月であった。

勧業模範場

統監伊藤博文の命によって水原《スウオン》に勧業模範場が設置されたのは一九〇六年四月二六日のことである。当時、東京帝国大学の教授だった本田幸介が場長に任命された。この日、本田は、八〇〇人の聴衆をまえに、朝鮮の農業と農民の後進性を強調し、朝鮮農民に分かりやすい技術を提供するよう訓示を垂れた。本田はまた、朝鮮の農業を改善していくうえで、次のような三つのステップを構想していた。以下は、農林省熱帯農業研究センター発行の『旧朝鮮における日本の農業試験研究の成果』（一九七六年）のなかで、朝鮮総督府農事試験場で研究者であった嵐嘉一《かいち》がまとめた本田の構想の内実である。

一、朝鮮の農家の知識・労力（勤労）・資金に鑑みて、まずその程度に応じたところから始めて行くこと。たとえば、改良品種の導入などの単純なことから始める。これの成績があがり農家が漸次奨励の趣旨を理解し、政府の指導を信ずるようになれば、

二、従来よりも労力を多く要する事項の奨励を行うこと。たとえば、除草回数をもう一回増やすとか、稗《ひえ》抜きをするとかなどで、労力を増加すればでき易いことである。かくして、成績がいよいよあがり農家にいくらか余裕が生じたら、そこで始《(ママ)》めて、

三、応分の資金を必要とする事項の奨励を行うようにする。これには肥料を施すとか、水利事業を起すなどである。

技術者の朝鮮農民観

この三段階論において重要なのは、改良品種の位置づけである。朝鮮の農民たちを指導していくための第一段階として、改良品種の導入という「単純なこと」を奨励している。すでに、帝国日本による植民地への農業技術普及のパッケージのなかで、改良品種が、技術体系の「先遣隊」的な位置にあったことを論じたが、この本田の三段階技術普及論は、まさにそれを裏づけるものである。そして、本田のこの指令の背景には、本田たちが朝鮮の農民たちを「智識の程度が低く」「経済状態窮乏を極め」「勤勉純朴の風なく且つ猜疑不信の念に富み」「容易に官憲の指導奨励に信《(ママ)》頼しない」と見なしていたことがある（前掲書）。つまり、日本人の優越感に満ちた態度を内省することをしない、このような宗主国のまなざしこそが、品種改良という分かりやすい技術でまずは農民たちの信頼を得る、という指令とつながっている。

もちろん、李氏朝鮮時代にはすでに、欧米や日本の近代農学の文献が多数朝鮮語に翻訳され紹介されていたし、多くの学生が欧米にわたって近代農学を研究していた（韓国全州で開催された第九回東アジア農業史学会での金榮鎭《キム・ヨンジン》・李吉燮《イ・ギルソプ》の報告による。巻末「欧文文献」を参考のこと）。また、李氏王朝時代にも水稲のみならず、さまざまな作物の品種改良が進められていた（許粹列《ホ・スヨル》『植民地朝鮮の開発と民衆』二〇〇八年）。しかし、日韓併合前後の日本の為政者や科学者たちは、朝鮮の知識人たちのこうした伝統や文献の解釈を統治に生かすという発想を持つことのないまま、ほとんどの農村ではまだ科学が普及しておらず、無肥料に近い状態で水稲栽培が行われており、灌漑もほとんど整備されていないことをことさらに強調した。しかも、水稲栽培技術の普及が中心となり、伝統的な朝鮮半島独特の畑作農法を正当に評価することを怠った（飯沼二郎「朝鮮総督府の農業技術」『近代朝鮮の社会と思想』一九八一年）。こうした一面的な朝鮮農村へのまなざしを変えぬまま、一九一〇年八月の日韓併合後、勧業模範場の支場が、大邱《テグ》・平壌・木浦《モッポ》・纛島《ドクト》・龍山《ヨンサン》の五ヵ所に、また、各道に分場が一三ヵ所設置され、各地の近代農業技術の向上をめざしていくことになる。一九三七年には、朝鮮総督府の農事試験場に三五〇名、分場には四三八名のスタッフが働いていたという（農林局農務課編『農事試験場概況調』一九三七年）。幾度かの編成替えを経て、最終的には、水原の本場、沙里院《サリウォン》の西鮮支場、裡里《イリ》の南鮮支場、普天堡《ポチョンボ》の北鮮支場を中心に、各勧業模範場は日本品種の蒐集と選出に努め、農民に配布し、また、民間で生産した優良品種の種籾との交換を奨励して、優良品種の普及を試みていくことになる。

その結果、中部から南部にかけては、〈早神力《そうしんりき》〉〈多摩錦〉〈穀良都《こくりょうみやこ》〉といった内地種が一九一五年ころから急速に普及し、北部では一九二三年ころから〈亀の尾〉が普及した。しかし、『日本農業発達史九』（一九五六年）の「育種の発展―稲における」という章のなかで、盛永俊太郎《としたろう》は、「当初は農民の多くは或いは成績に疑念を持ち、また事もなくそれらを嫌忌した」と述べている。「事もなく」という表現が正しいかどうかは別としても、やはり栽培方法に慣れた在来種を模範場の指導で日本品種に変えることには、農民たちはかなりの抵抗を示した。また、日本産品種は、「相当に灌漑の便宜の備わった所にだけ適当するものだった」。それゆえ、日本産品種を普及させるためには、朝鮮半島の灌漑設備を整備することが必要であった。

増産計画

一九二六年、朝鮮総督府はさらに八一六万石の増産をめざす産米増殖計画の更新を実施する。更新というのは、一九二〇年、すでに第一期朝鮮米増殖計画が、前年の北海道に続いてスタートしていたからだ。土地改良と肥料増施のために、一〇ヵ年計画で約三億五〇〇〇万円（一九二四年〜二六年平均の朝鮮総督府歳出捻出の約一・五倍）の資金が割り当てられ、奨励品種も少肥向きから多肥向きへと変更された。〈多摩錦〉と〈穀良都〉は、一九二七年に行なわれた模範場の試験で、通常より肥料を倍にした場合、それぞれ二・七%、二〇・六二%減収することが判明。その一方で、北陸地方を席捲しつつあった多収・強稈《きょうかん》の〈銀坊主〉は二・三%も増収した〈陸羽一三二号〉のデータはなし）。

ちなみに、〈銀坊主〉は、一九〇七年に富山県婦負《ねい》郡の石黒岩次郎の選出によるものである。石黒が〈愛国〉を栽培する田んぼにあまりにも多くの肥料を施して全部倒伏《とうふく》してしまったなかで、一株だけ稈が強く倒伏しない稲を見つけ、それを増殖したことから始まる、という。朝鮮では、一九二二年ころから、日本人によって栽培され始めたが、朝鮮総督府農試が一九二八年より、新潟・福井・富山・石川・愛知などの各試験場より早生《わせ》や晩生《おくて》の〈銀坊主〉種を蒐集して系統分離を行ない、一九三二年に〈中生銀坊主水原《すいげん》一号〉〜〈同五号〉までを選出したことを皮切りに、遺伝的にも純系化した優良の〈銀坊主〉系統が組織的に普及していく。

品種の更新

さて、〈陸羽一三二号〉は、日本の東北地方と気候条件が近い満洲北部においてとくに普及し、これまで優位にあった〈亀の尾〉を駆逐していく。〈亀の尾〉の子である〈陸羽一三二号〉が親の勢力範囲を承け継いだと言ってもよいだろう。一九三一年三月に黄海道《ファンヘド》、同年一二月に平安北道《ピョンアンプクト》、一九三二年一月に平安南道《ピョンアンナムド》、同年三月に江原道《カンウオンド》、同年四月に咸鏡北道《ハムギョンプクト》で、〈陸羽一三二号〉は次々に優良品種に指定される。一九三二年九月の『朝鮮総督府農事試験場彙報』（第六巻第三号）に掲載された「朝鮮に於ける水稲陸羽一三二号栽培状況」という記事は、この品種を普及すべき理由として、〈銀坊主〉についても言及しながらこう記している。

> 既銀坊主種系品種が従来の主要品種たる早神力或は穀良都を駆逐しつゝあると同様に本種（陸羽一三二号）が北部地方に於ける代表品種亀の尾にある程度まで代るものと思われる。蓋《けだ》し早神力は今後の積極的増収栽培に不適当であり穀良都は粒形に於て内地市場の嗜好の変遷により従来程の声価なく両者共早晩減少を免れざる状態である。亀の尾は品質収量共に優良であるが欠点とするところは耐病耐肥《たいひ》性弱く、倒伏しやすきことで増肥により収量を挙げんとする場合には安全ではない。（後略）
>
> 本種の特徴とするところを列記すれば（1）品質良なること。（2）慣行栽培でも

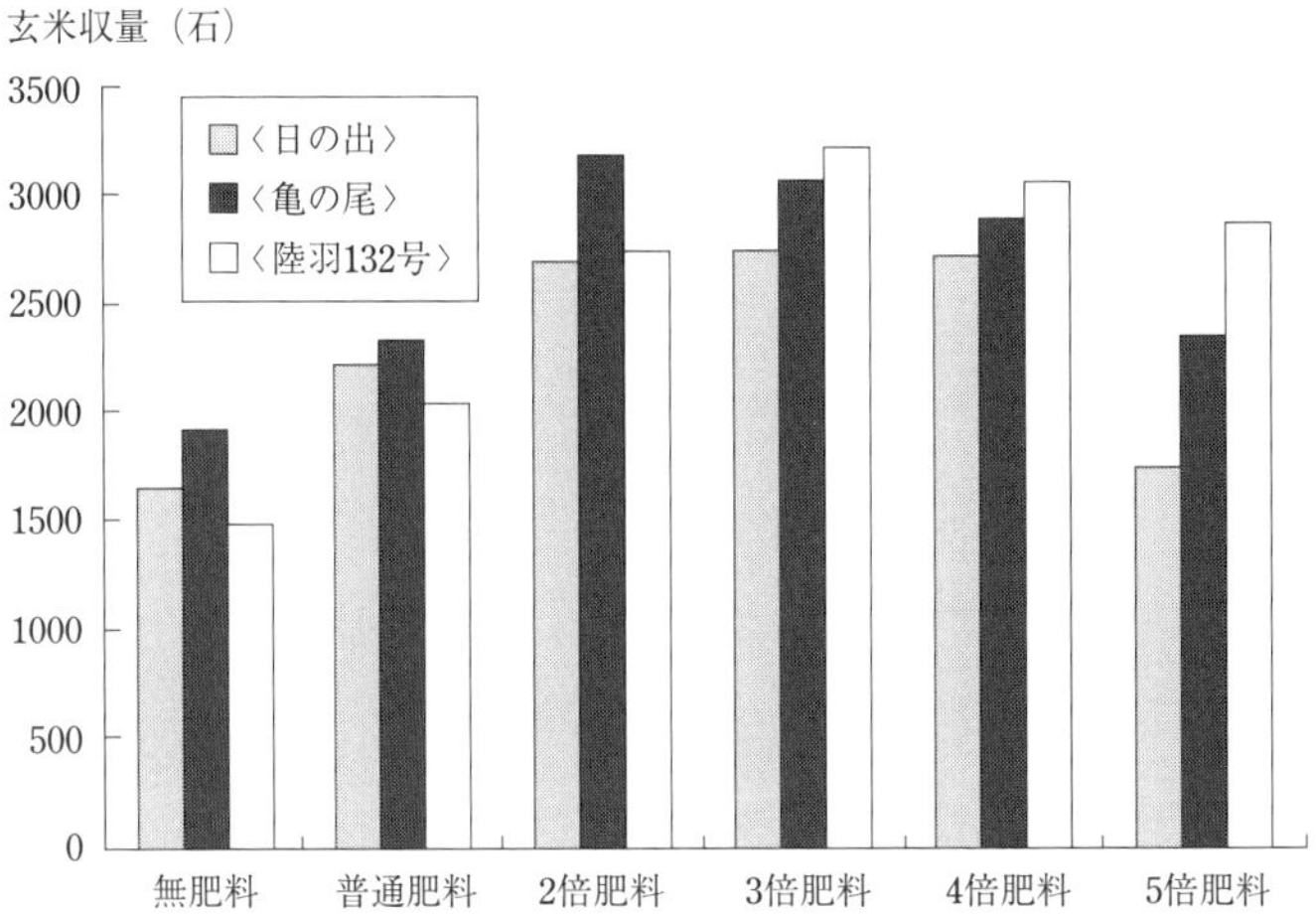

図12　農事試験場西鮮支場における肥料用量試験（1931年）

（出典）「朝鮮に於ける水稲陸羽一三二号栽培状況」『朝鮮総督府農事試験場彙報』第６巻第３号（1932年）240ページをもとに作成。

（注）グラフ中、普通肥料区の肥料は、堆肥200貫・硫安３貫・過リン酸石灰４貫・草木炭10貫・大豆粕５貫（１貫＝3.75キログラム）。

相当収量あること。（３）稲熱病に抵抗性強きこと。（４）増肥により収量を増加し得ること等を挙げ得るのであつて増肥栽培には好適した品種である。

「積極的増収栽培」のためには、増肥に耐えうる倒伏しにくい品種が必要だ、という趣旨である。実際、この記事には、一九三〇年に西鮮支場でなされた試験結果が掲載されている（図12）。このように増肥すればするほど〈陸羽一三二号〉の成果がよくなり、逆に肥料が少なけ

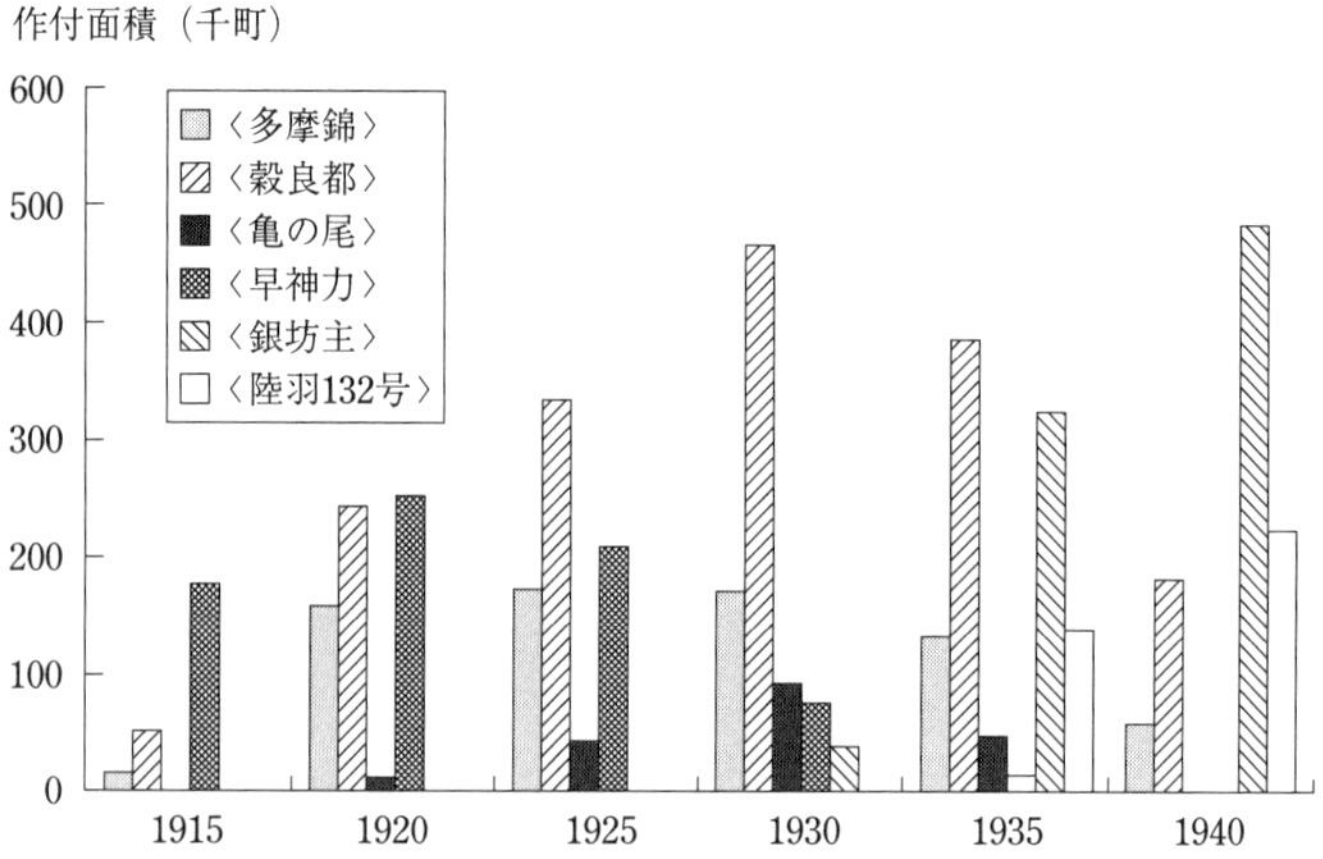

図13　朝鮮における主要優良品種の変遷

（出典）　菱本長次『朝鮮米の研究』（1938年）140〜141ページ、朝鮮総督府農林局編『朝鮮の農業』（1940年）79ページ、同（1942年）85ページをもとに作成。

（注）　グラフ中、1940年の〈亀の尾〉と〈早神力〉はデータ欠。

れば少ないほど他の品種に比べ成績が劣ることは、北部の他の支場でも確認された。大量の肥料の施肥があって、初めて増産が可能な品種なのである。要するに、〈陸羽一三二号〉は、従来の品種と比べれば「肥料依存症」的な品種と言ってよい。

以上の理由から、〈銀坊主〉と〈陸羽一三二号〉の栽培面積は、これまでの耐肥性の低い内地種に代わって急速に拡がる（図13）。

朝鮮において〈銀坊主〉と〈陸羽一三二号〉が普及し始める時期は、内地において〈陸羽一三二号〉〈銀坊主〉〈旭〉という第二次統一品種が普及し始めるのと七年から八年の差がある。だが、朝鮮の場合は「内地」に比べその普及は迅速であった。一九四〇年代に入ると、朝鮮半島も優良交配品種による画一化がほぼ達成される。

化学産業の進出

もちろん、灌漑事業の推進や水利組合の組織化、硫安をはじめとする窒素肥料の大量生産（図14）という基盤整備があったことは見逃せない。肥料の供給を担ったのは、日本内地からの肥料の移入と、日窒コンツェルンの朝鮮進出であった。一九二七年、興南《フンナム》（咸興《ハムフン》の南）に化学工業地帯がそれに必要な水力発電および送電網とともに建設され、化学肥料や火薬の生産を担った。それらがお互いに刺激を与えあって、朝鮮半島の稲作構造を生態学的に改造していったのであり、品種改良だけが増産を担ったわけでは決してない。それでも、品種改良が重要なのは、現地の警察権力の投入を背景とする灌漑事業にせよ、巨額の資本を必要とする窒素肥料にせよ、とりわけ多くの現地労働力と資本を必要とする事業と異なり、ほとんどの現地の農民たちのあずかり知らぬところで比較的安価な資本を投入して種籾に遺伝情報をプログラミングすることによって、間接的に稲作生産の現場を支配できるからだ。これによって米の質は向上し、日本内地の市場に浸透しやすくなる一方で、朝鮮の農民たちは、肥料をもっと購入する必要に

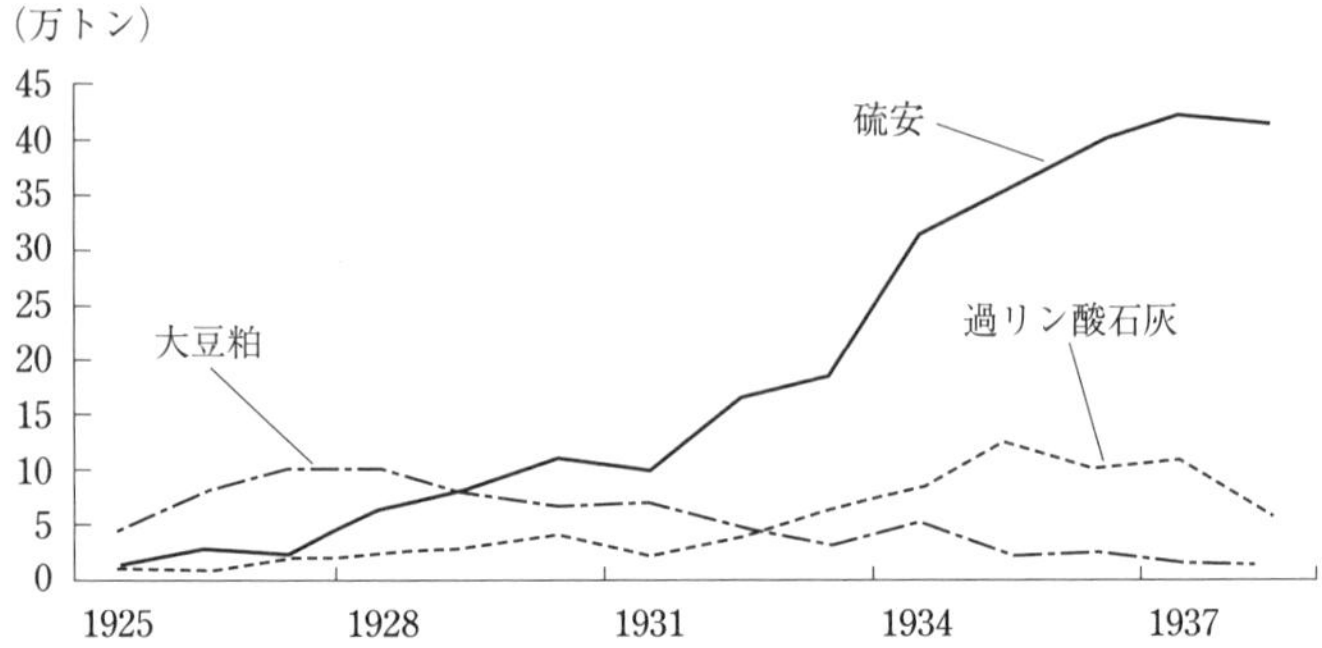

図14　朝鮮における硫安の消費量の変遷

（出典）　朝鮮総督府農林局編『朝鮮の農業』（1933年）136〜139ページ、同（1940年）196〜200ページをもとに作成。

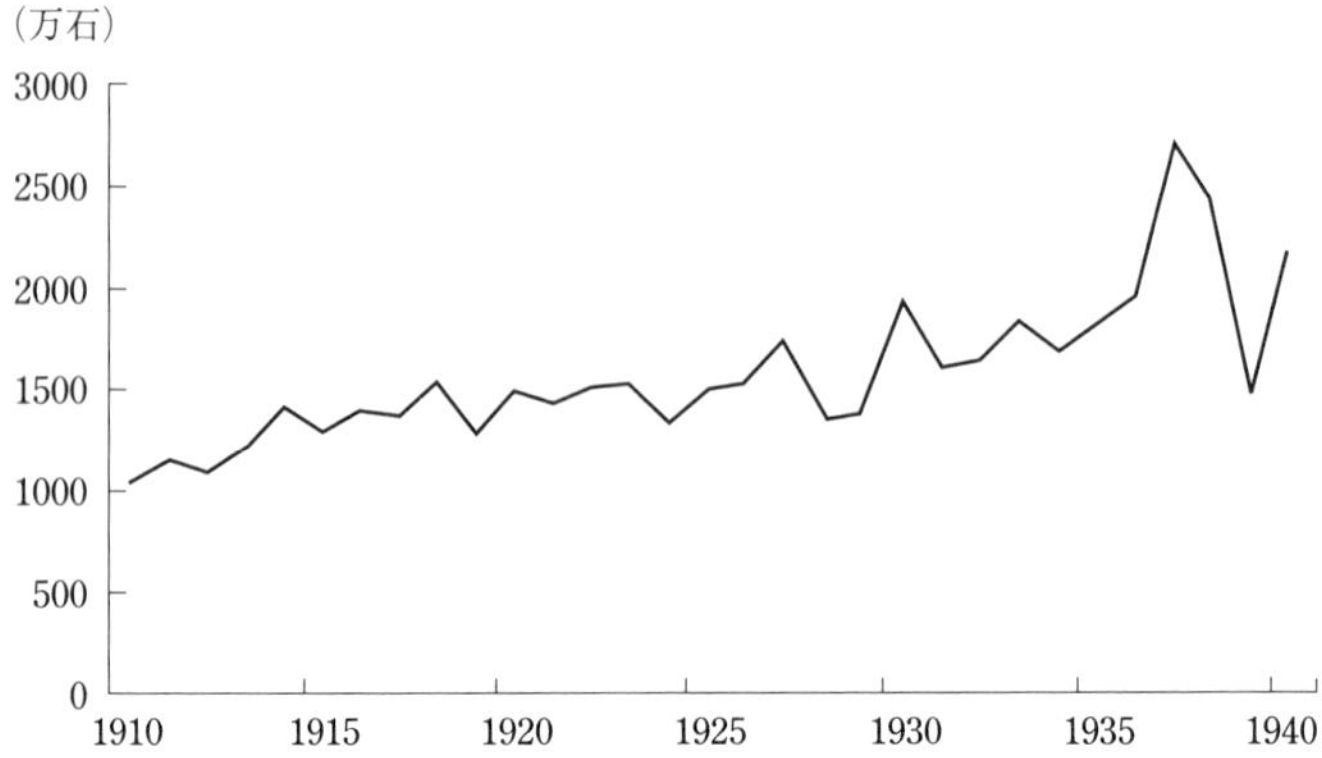

図15　朝鮮における米の収穫高の変遷

（出典）　朝鮮総督府農林局編『朝鮮の農業』（1937年）48〜50ページ、同（1942年）82〜83ページをもとに作成。

（注）　1919年・1939年において収穫高が減少しているのは旱魃の影響による。1926年以降は新調査方法により、作付反別は畦畔面積を除き実際に作付されている面積を示す。

迫られる。たとえどんなに地方の生態系に適した品種でも、少量の肥料では成長力の弱い従来の品種に後戻りすることは不可能だからだ。

一九三四年、産米過剰がもたらす米価下落対策として、朝鮮の第二次産米増殖計画は中止となった。しかしながら、このような事態に対して、増産体質が刻まれた新品種では対応が難しい。〈陸羽一三二号〉も〈銀坊主〉もその作付面積を加速度的に拡大し、米の生産量は上昇を止めなかった（図15）。テクノロジーの発展には、ブレーキがかかりづらい。テクノロジーには受け手の熱狂が必ずといってよいほどつきまとうこともその理由の一つである。目的のためにテクノロジーを生かすのではなく、テクノロジーのために目的を変えるテクノロジー社会到来の萌芽がここに垣間見えるのである。

育種技師の自民族中心主義

永井威三郎と朝鮮

技術者と農村のギャップ

朝鮮総督府の農事試験場は、優良品種をはじめとする農業技術の普及のなかで、ジレンマにぶつかっていた。在来種の純系固定、内地種の導入は、たしかに現地農民の稲作の生産性を上昇させたが、農民の生活レベルは低いままであった（林炳潤《リン・ビョンユン》『植民地における商業的農業の展開』一九七一年、河合和男『朝鮮における産米増殖計画』一九八六年、など）。高水準の農業技術と低水準の朝鮮農民の現状とのあいだに、大きなギャップが存在した。

勧業模範場の改名

こうしたギャップに対する総督府側の対応として、一九二六年九月、二代目場長の加藤茂苞《しげもと》は、「勧業模範場」という名称を「農事試験場」に改めた。その理由の一つは、「模範」という言葉が朝鮮農村の現状に合っていなかったからである。加藤はこう述べている。農業技師たちは、朝鮮の歴史・風習・風土をもっと深く学ばなくてはならなかった。しかし、技師たちは、近代的な日本の品種を「模範」として朝鮮の農民に紹介することに熱心であった。この名称の変更を一つのきっかけにして、技師たちはもっと朝鮮農村の条件を研究するように努力すべきだ、と加藤はこれまでの研究態度を批判したのである（「元勧業模範場の改名と農事指導に対する用意」『朝鮮農会報』第四号第八巻、一九三〇年）。

高橋昇の技術者批判

こうした農事試験場の「傲慢」に対する不快感は、すでに高橋昇によって示されていた。高橋は、沙里院《サリウオン》にある西鮮支場の場長であった。高橋は一九一九年から一九四五年まで、朝鮮半島のさまざまな地域を歩き、観察しつつ、農事試験場の研究者が朝鮮の農民たちから遊離してしまっており、しかも、遊離していることに気づいていないと厳しく批判していた。高橋の部下は、日本から導入して最も有益であった技術は苗の正条植だけだ、という言葉をしばしば彼から聞いたという（落合秀男「朝鮮総督府農試西鮮支場長『高橋昇』」『旧朝鮮における日本農業試験研究の成果』一九七六年）。

これまで、高橋昇の研究書が復刻され（たとえば、『朝鮮半島の農法と農民』一九九八年）、高橋に関する研究も増えている。最近では、河田宏が『朝鮮全土を歩いた日本人─農学者・高橋昇の生涯』（二〇〇七年）で、高橋の朝鮮在来の技術に対する評価を強調している。しかし、こうした研究は、植民地期朝鮮の農業技術史の一面を映し出しているにすぎない。植民地の農業技師は高橋昇のような農業の現場から科学を内省できる技師ばかりではなかった。高橋が批判を続けなくてはならないほど、現場に目が向かない農業技師が多かったのである。高橋が繰り返し批判した技術者の「傲慢さ」それ自体を歴史的に検証することがなければ、植民地の農業技術と農村社会の実情をとらえきれないのではないだろうか。本章では、この「傲慢さ」について、永井威三郎《いさぶろう》という総督府の育種技師の目を通して、考えていきたい。

植民地米の品種改良

帝国日本の植民地である台湾と朝鮮において、日本内地人の育成した水稲の「優良品種」の果たした役割は大きい。それは、植民地における米の生産基盤を安定させたことと、高品質で同質の米を日本市場に大量に供給したことという二点に、とりあえずは絞られるだろう。つまり、商品としての米の質と量を同時に改善することができたのである。ただ、こうした傾向は必ずしも植民地によって歓迎されるものではなかった。一九三〇年代には植民地米の流入が内地米の米価下落を惹起させるから増産をストップせよと圧力をかけられたり、一九四〇年代になるとまた増産の要請に迫られたり、宗主国によって植民地が振り回されることを余儀なくされた。いずれにしても、「優良品種」への品種改良が、宗主国と植民地との米を通じた結びつきを強め、宗主国の都合に植民地が影響されやすくなるのに貢献したことは否定できない。

この水稲品種に刻まれた均一の遺伝情報は、各植民地の水利施設や施肥の増加を進めるための、いわば「初期設定」であった。新品種は、水利施設の整備と肥料の増投ができる場合にしか効果を発揮しない。条件の悪いところや天水に頼る水田では、かえって伝統品種のほうが、成績が良好であった。逆に言えば、日本産品種の水稲品種の導入は、総督府が即座にかつ手軽に手をつけられるばかりでなく、第一に必要なプログラミングであった。さまざまな条件に高反応な遺伝情報を組み込んで、はじめて「優良」な品種と言えるのである。「収量の多い品種＝優良品種」という単純な図式は改められるべきであろう。これは、一九六〇年代以降、「緑の革命」が担った役割と基本的には同質である。メキシコで開発された小麦にせよ、フィリピンで開発された米にせよ、どちらも旧来品種とは比べものにならないほどの収量をもたらしたのだが、それは、肥料の多投と灌漑の整備を必要不可欠のものにしたからである。

それだけに、「優良品種」を生み出す農事試験場とその研究者たちにかけられた期待は大きかった。当分のあいだは、現地の在来品種の選別と日本産品種の導入によって対処できるにしても、最終的には、地方の風土に最も適切な品種を開発しなくてはならないからである。台湾はこれに成功したと言える。一九二七年に、台北農事試験場の技師、磯永吉と末永仁《めぐむ》は、ジャポニカ米の〈台中六五号〉を育成した。これに代表されるジャポニカ品種は蓬萊米《ほうらいまい》と名づけられ、日本市場に移出された。台湾農民は、伝統的なインディカ米やイモを食べることをやめぬまま、蓬萊米を栽培し地元の商人に売った。ゆえに台湾の在来品種の生産高はそれほど減少しないまま、蓬萊米は急成長した（蓬萊米については次章で詳しく述べる）。

朝鮮総督府農事試験場の育種

これに対し、朝鮮総督府の農事試験場は、〈台中六五号〉に匹敵する人工交配品種を敗戦まで開発することができなかった。台湾と日本では、優良水稲品種が次々に開発されていた。帝国日本の北のフロンティアである北海道でも、〈富国〉のような新しい人工交配品種が登場した。しかしながら、朝鮮では、いくつかの品種を開発することができたが、それは結局、日本産の優良品種以上の成果をもたらすことができなかった。なぜか。

第一に、台湾のほうが朝鮮よりも二〇年早く植民地化されており、調査・研究を蓄積するのに十分な時間があったからである。

第二に、植民地期前半に普及した〈穀良都《こくりようみやこ》〉や〈亀の尾〉、一九三〇年代に普及した〈銀坊主〉、〈陸羽一三二号〉といった日本産優良品種が、朝鮮と日本における気温や湿度、日照時間の違いに大きな影響を受けることなく、予想以上の成果を収めたからである。それゆえ、これらの日本産優良品種を超える品質の品種を開発することは台湾よりも困難であった。一方で、日本本国と著しく環境が異なる台湾ではそもそも競合する日本産品種が存在せず、食味は日本産品種にはるかに劣る〈台中六五号〉でさえ、十分革命的だった。

とはいえ、これらの理由は、着任した当初の永井威三郎には大きな理由ではなかった。一九二六年から一九三四年まで朝鮮総督府農事試験場で育種に携わり、磯が〈台中六五号〉を開発したころ、朝鮮農事試験場の種芸部長であった永井にとって、新品種の開発は使命であった。それゆえに挫折感は大きかった。

永井威三郎の愚痴

一九四二年のエッセイ(『随筆水陰草』)の「序」で、彼は以下のように述べている。

多年手塩にかけ、苦労して作り上げた、稲の改良種が、世に出でず、空しく葬り去られたものも少くない。若《も》しその機会を得てゐたならば、相当お役に立つたであらうに、まことに皮肉だ。出る可きものが出ず、出るつもりで無いものが出る。これも世の常か。徒《いたずら》に死児の齢《よわい》を数へる親馬鹿を憐れむ。

半生課せられてゐた仕事は、専ら稲米を改良し、増殖を図り、研究することであつたが、何等寄与する処もなく、憶ひ出を語る、不足畏《おそるるにたらず》の身になつたかと思へば寂しい。

永井の文章のなかで、ここまで自分を卑下するような、あるいは愚痴のような表現は珍しい。この永井の自嘲は何を意味するのか。なぜ、「皮肉」なのか。なぜ、自分の研究が「何等寄与する処も」なかったと感じざるをえなかったのか。なぜ、『論語』の有名なフレーズを持ち出してまで、育種技師としての旬のすぎた自分を憐れんだのか。この章では、育種家から文筆家へと活動の場所を移していった永井威三郎の言葉を追うことで、植民地朝鮮で果たした「優良品種」の役割を、これまでのように技術文化史的に追っていきたい。技術文化史とは、ここでは、技術の変遷が人びとの心性や想像力・生活文化にどのような影響を与え、それが社会にどのようなインパクトを与えたのかを考察する歴史学の方法と、さしあたり定義しておく。

料金受取人払郵便

本郷局承認

7058

差出有効期間
2027年1月
31日まで

郵便はがき

113-8790

東京都文京区本郷7丁目2番8号

吉川弘文館 行

愛読者カード

本書をお買い上げいただきまして、まことにありがとうございました。このハガキを、小社へのご意見またはご注文にご利用下さい。

お買上書名

＊本書に関するご感想、ご批判をお聞かせ下さい。

＊出版を希望するテーマ・執筆者名をお聞かせ下さい。

お買上書店名　区市町　書店

◆新刊情報はホームページで　https://www.yoshikawa-k.co.jp/

◆ご注文、ご意見については　E-mail:sales@yoshikawa-k.co.jp

ふりがな ご氏名		年齢　　歳　男・女
〒 □□□-□□□□	電話	
ご住所		
ご職業	所属学会等	
ご購読 新聞名	ご購読 雑誌名	

今後、吉川弘文館の「新刊案内」等をお送りいたします(年に数回を予定)。
ご承諾いただける方は右の□の中に✓をご記入ください。 □

注 文 書

月　　日

書　名	定　価	部　数
	円	部
	円	部
	円	部
	円	部
	円	部

配本は、○印を付けた方法にして下さい。

イ. 下記書店へ配本して下さい。
（直接書店にお渡し下さい）

（書店・取次帖合印）

書店様へ＝書店帖合印を捺印下さい。

ロ. 直接送本して下さい。

代金（書籍代＋送料·代引手数料）は、お届けの際に現品と引換えにお支払下さい。送料・代引手数料は、1回のお届けごとに500円です（いずれも税込）。

＊お急ぎのご注文には電話、FAXをご利用ください。
電話 03−3813−9151(代)
FAX 03−3812−3544

永井威三郎とは誰か

エリートとしての永井

永井威三郎《いさぶろう》は、一八八七年一一月一八日、東京で生まれた。父の久一郎は明治時代の官僚、母の恒は、漢文学者鷲津毅堂《わしづきどう》の娘であった。威三郎は三人兄弟の三男で、既述のとおり、長兄に小説家永井荷風がいた。一九〇八年に東京帝国大学農科大学を卒業したあと、マサチューセッツ州立農科大学・コーネル大学大学院・ハイデルベルク大学で生物学や遺伝学の最先端を学んだ。帰国後、一九一六年のグレーゴル・メンデルの論文の翻訳をきっかけに、遺伝学の農業への応用を研究の中心に移す。一九一七年に、農林省農事試験場技師として、秋田県の大曲にある農事試験場陸羽支場に赴任、一九二二年には弱冠三五歳で支場長となった。以後、〈陸羽一三二号〉の育成時期に研究の管理部門を担当する。陸羽支場は寒冷地帯である東北地方の農業技術を担う国の出先機関であり、〈陸羽一三二号〉は、こうした農事試験場による帝国日本の農業技術の中央集権的システムの完成後、その申し子として、一九三〇年代の日本および朝鮮半島北部で爆発的な普及を遂げた品種であった。これまでの民間育種家が各地で育成した優良品種を中心とする品種地図が、〈陸羽一三二号〉の登場で、大きな変更を迫られることになるのである。

一九二六年には勧業模範場技師兼西鮮支場長として、朝鮮産米増殖計画の任務の一端を担うようになる。朝鮮の産米増殖計画は、一九一八年夏に富山県の漁村で始まる米騒動で可視化された宗主国日本の米供給力の不安定さを、朝鮮の米の生産力を上昇させることで補うばかりでなく、一九一九年の三・一運動で顕在化した朝鮮民衆の日本への反発を、所得安定化を図ることで懐柔することを目的とした、きわめて重要な政策であった（『朝鮮産米増殖計画要綱』一九二六年一月）。一九二六年には、養賢堂から『日本稲作講義』を上梓する。これは、あの宮沢賢治も愛読した、当時の農学の基本書であった。

このような育種学のメインストリームに乗ってきた永井が朝鮮総督府の農事試験場に赴任したとき、彼に期待されたのは朝鮮に適した新品種の育成とその指導であったことは間違いない。だが、すでに述べたように、彼は、華々しい成果を残すことができなかった。一九二七年から一九二九年の三年間、農事試験場で育成された新品種は二八種、このうち比較的知られているのは、〈八達〉（＝〈水原八八号〉）だが、これが普及し始めるのはようやく戦後になってからで、しかも、〈陸羽一三二号〉や〈台中六五号〉ほどの強烈なインパクトはなかった。〈陸羽一三二号〉を開発した寺尾博、〈台中六五号〉の磯永吉のように顕彰されることもなかった。ここに先ほど引用した「これも世の常か」という嘆息の理由の一端がうかがわれるのである。一九三二年からは、朝鮮農事試験場種芸部の主任兼北鮮支場長に任命され、一九三四年までここで勤め、翌年から東京高等農林専門学校の教授に着任した。

文筆家としての永井

ところが、永井の名は、むしろ帰国してから知れわたるようになる。しかも、文筆家として、である。彼は、戦時中に、次のような時局の要請に応える書物を立て続けに世に出す。すなわち、食糧問題の一般向け啓蒙書（『米と食糧』一九四一年）、エッセイ（『随筆水陰草』一九四二年）、少年少女向け米の入門書（『日本の米』一九四三年）の三冊である。もちろん、農学研究をやめたわけではない。しかし、むしろこうした啓蒙家としての永井の活躍ぶりは際立つものがある。

この背景には、やはり当時の時代状況を考えなくてはならないだろう。つまり、総力戦である。戦争に勝つために科学技術が必要であったことは言うまでもない。食糧増産のための科学技術の発展も、軍事技術のそれほど優先されることはなかったとはいえ、国家の重要なプロジェクトであることには変わらない。しかし、それらの進歩した科学技術を用いなければならないのは、農民であった。しかも、男性が戦場にとられると、家に残った女性や子ども、さらには最新科学技術に対応しにくい高齢層がその代わりをする。こうした技術に不慣れな労働力が国家の食糧基盤を支えなくてはならなくなったとき、永井のように、難しい科学を分かりやすく語ってくれる人間が必要となるのである。少年少女向けに書かれた『日本の米』は、写真や図・挿絵を駆使しながら、専門的な米の知識まで分かりやすく解説している。ちなみに、この明解さが評価されて、本書は一九九五年に復刊されている。また、『米と食糧』は羽田書店のシリーズ『生活の科学新書』のなかの一冊であり、他にも関重広『わが家の電気』（一九四一年）、林　髞《たかし》『綴方と自然科学』（一九四一年）、三石巌『生活の物理』（一九四二年）など、最先端の科学技術が紹介されていることからも、当時の永井の書物の位置づけが分かるだろう。

終戦直後に、日本大学農学部に教授として就任し、『随筆野菜籠』（一九四六年）、『日本

歴史新書　米の歴史』（一九五九年）、『笠鞋記《りゅうあいき》』（一九六五年）を著した。一九七一年九月一三日に死去、享年八三歳であった。

「日本の至宝」

以上の永井威三郎の生涯を詳細にまとめた初めての論文が、生誕一二〇周年を記念して、二〇〇六年に発表された。この論文は、永井のほぼすべての著作を吟味したうえで、永井の仕事を次のように評価している。「優れた頭脳と欧米の文化を吸収し形成された豊かな知性は、稲作をして万人に糧を供給するという使命感と一体になり、行動力溢れる気概の人永井は日本の至宝である」（白戸一士・井上弘明・藤井秀昭「稲作の発展と永井威三郎博士」『博物館報』第一六号、二〇〇六年）。

近代日本農業史において彼の占めた位置がこれまでほとんど考えられてこなかったこと、また、永井威三郎研究から「今後、いくつもの新しい問題が提起され、発掘されるだろう」という著者たちの指摘に、私は同意する。ただし、その永井の位置というのは、メンデルの翻訳に始まる彼の遺伝学や育種学への多大な貢献だけではない。あるいは、水稲栽培の学問的基礎を固めたことだけでもない。永井は、高性能の新品種を世に送り出すのと同じほど重要な言葉を、つまり、宗主国日本がアジアで膨張を続ける根拠あるいは英米との戦争を、農学者として正当化する言葉を「育成」し、民衆世界に「普及」させたからである。それゆえ、「日本の至宝」という評価はやはり過分と言わざるをえない。ここから彼が日本の膨張主義に果たした役割への視線が完全に抜け落ちているからである。

「韓国併合」の正当化

日本の膨張主義に果たした役割というのは、たとえば、『随筆水陰草』の次のような言葉に端的に表されている。

日本民族の発展する処、この日本稲は必ず増殖される。朝鮮には在来種が既に同一型であるから、日韓は稲米から既に併合すべきであつた。

ここに露呈している、時代を後追いするだけの自民族中心主義は、たとえば、同じ本の次の箇所にも見られる。「日本の稲作文化は他の多くの稲作民族の導啓者として、大東亜建設の理想下に、有史以来未だ嘗《かつ》てない飛躍の機に臨んでゐる。米食民族の覚醒奮起の秋《とき》は来た」。「大東亜戦とは米と小麦、水田と畑との文化戦である。稲を作り米を食ふ民族が、麺麭《めんぽう》〔パンのこと〕を食ひ、小麦を作る民族に決して劣らない、否彼の為し得ざる処を成し遂げることを事実に示す秋が到来した」。こうした主義主張は、最終的には、無邪気な選民思想へと行き着く。「大和民族は選ばれた民族である」。

また、『日本の米』では、「大東亜戦争」に民族の観点から意味づけを与えている。「日本人ばかりでなく、大東亜十億の人々もみな、お米をたべて生活してゐます。いままでこれらの人々は、お米をたべない米英人らのために、たえずじやまをされ、いぢめられ、一だん低い人間のやうに見おろされてゐました」。アジアの人々が「大東亜共栄圏」に結集する根拠として、永井は「大東亜十億」が「米を食ふ」という食文化、その一点に着目する。小麦・雑穀・芋類を主食にしているアジア人がいることを無視することで、「米食民族」対「パン食民族」という分かりやすい図式で「大東亜戦争」の意義を科学者として少年少女たちに伝えている。

日本刀と日本稲

こうした自民族中心主義は、すでに述べたとおり、寺尾博の「稲も亦《また》大和民族なり」という言葉に見られた。この言葉には、やはり、帝国の膨張と「大東亜共栄圏」の建設に育種学が貢献していることへの寺尾の自負が込められていた。しかしながら、この寺尾でさえ、永井ほど執拗に自民族中心主義を唱えることはなかった。たしかに、永井は、『日本の米』で、寺尾と同じように、「日本の稲は、日本人と同じやうに、背は高くありませんが、なかなか、たふれません。腰が強いのです。それはどういふ利益があるかといひますと、たくさんに肥料をほどこしても、なかなか、たふれないといふことです」とも述べていた。しかし、日本の科学者が読む雑誌に「科学者」として発言した寺尾とは異なり、少年少女を含めた大衆向けの本のなかで「啓蒙家」としてふるまう永井には、これだけでは物足りない。先に引用した「米食民族とそれ以外の民族の戦争」という図式でもそうだったように、次のような文章を書くことで、日本民族の優越を日本人にたたき込もうとしたのである。

> 日本刀は武士の魂です。その切れあぢ、その美しさ、その神々しさは、外国の剣とはくらべものになりません。
>
> それとよく似てゐるのは日本稲です。日本の稲や米は、その味、形、わらのよいこと、そのほか、外国のものに見ることのできぬ、すぐれた性質をもつてゐるのです。

メンデルの法則を紹介した農学者にしては、あるいは厳密な科学的手続きをふんで品種改良を行なってきた育種者としては、あまりにも論理的な飛躍がある一文である。そもそも、『日本の米』には、科学的かつ冷静な叙述と民族主義的かつ扇動的な叙述が交わることなく併存しているのである。このギャップは何を意味するのか。なぜ、これほどまで執拗に、稲に日本人の優越感を託したのだろうか。

第一に、永井は、その稲作文化・稲作条件の類似性から朝鮮と日本は併合すべき運命にあったと科学の言葉で主張することで、朝鮮独自の近代品種を開発できないまま文筆に打ち込むようになった自分を正当化しているのではないか、ということである。自分が秋田の陸羽支場にいたときに、寺尾博と仁部富之助《にべとみのすけ》によって育成され朝鮮でも普及した〈陸羽一三二号〉に秋田から朝鮮に渡った自分を重ね合わせることで、自分を納得させていたのではないか。日本の育種技術に裏打ちされた自民族中心主義を、自分の深い挫折に代替させていたのではないだろうか。

現場と科学の乖離

しかし、これよりも重要なことは、第二に、永井が、日本のもたらした新技術と朝鮮農民の生活との落差を意識していたにもかかわらず、その矛盾が根本的に解決しないまま、日本に帰国したことである。一九三四年九月、永井は、高崎達蔵との共著で「農村部落及農家経営状態に関する調査研究」(『朝鮮総督府農事試験場彙報』第七巻第三号）を発表した。これは、なぜ朝鮮農村で「春窮」が起こるのかを社会学の手法を借りて研究したものである。一九二九年から一九三二年まで、彼と彼の同僚たちは、水原《スウオン》近郊の五つの農村で、労働・栄養・経営などについて調査を行なった。そのほとんどが小作農で、規模も一ヘクタール以下であった。農法も粗放的で、生産性も低い。家族の構成員も生産者よりも消費者が多く、牛もいないし、副業もなく、何よりも貧しい。この当面の解決策として永井が提示したのは、興味深いことに、日本の近代技術ではなかった。叺《かます》や縄などを作って現金を得ることや、李氏朝鮮時代の伝統農業や農本主義を学ぶことを奨励したのである。唯一、日本的な技術は、〈愛国〉の奨励であったが、これも、〈銀坊主〉や〈陸羽一三二号〉とは異なり、やや古い品種で、味も良くない。早生《わせ》であるのと耐病性が優れているゆえに、農家の自給用として勧めているにすぎない。

高橋昇と永井の部下であった落合秀男は、「永井威三郎さんからも、高橋さんと同じようなことを、聞かされたことがある」と後年振り返っている（落合「朝鮮総督府農試西鮮支場長『高橋昇』」）。たとえば、農家の教えを謙虚に聞くべきだという現状研究批判を永井は部下に説いていたのである。それは単なるポーズではなく、永井が高橋の影響下でこのような農村実態調査にたどり着いた、ということにも見られる。技術者が農村社会調査を行なったことについて、落合は「振り出しに戻ってしまった」、つまり、近代技術を普及させるつもりが、普及させる現場を調べることに逆戻りしてしまった、と述べている。

矛盾を解決する戦争

ここに、近代日本の最先端の農業技術を植民地朝鮮で開発する、調和不可能な矛盾が見られる。そして、その深い溝が『日本の米』に見られる科学的叙述と扇動的叙述の併存にそのまま反映されているのではないか。世界的にも決して劣らない水準を持つ育種技術をもってしても、植民地農村の現場で突きつけられた厳しい現実が、つまり、近代科学と朝鮮農民のあいだに横たわる深い溝を解決してくれるものとして「大東亜戦争」にすがり、それゆえに、彼の非科学的な自民族中心主義が顕在化していく過程を、私は永井の著作に見る。

品種改良とは、試験場の施設、育種者の知識や技術ばかりでなく、「素質」「勘」、そして「運」が鍵を握る、感覚的な仕事でもあった。博打の要素も強い。科学的であると同時に一つの芸術作品を製作するような作業でもある。何年も同じ作業を繰り返す地道な作業ではあるが、優良品種を育成すれば、人びとに顕彰され、銅像さえ建つこともある。育種家たちは、不安定な心理状況の作業のなかで不安に悩まされ、しかも「産米増殖計画」のような国家政策の最も重要な部分を担わされた。〈富国〉の育成者山口謙三も、「育種報国」という額を上司から餞別にもらい、上川支場に赴任した。

人間と稲を同じ生物として比較するレトリックによって、自民族中心主義を露骨に表現する永井の心境も、植民地統治の成否、日本内地の食糧供給の成否を決する品種開発者の重圧からの逃避という面から見なければならない。だが、それだけではない。永井威三郎の行き詰まりは、日本の朝鮮における支配の行き詰まりそのものであり、彼の「変節」は、日本政府の「変節」そのものであった。日本の農業技術が植民地に何をもたらし何をもたらさなかったかを知る人間だけに、現場の矛盾はいっそう深く刻み込まれていたのである。

文化戦と食糧戦のはざまで

文化戦

永井威三郎《いさぶろう》の、遺伝学者・育種学者そして作物学者としての役割は、たしかに小さくなかった。アメリカやドイツの大学で最先端の遺伝学を学ぶことができた彼は、その学識を武器に日本でその力を存分に発揮した。メンデルの法則を紹介し、日本の稲作体系を理論的に構築し、植民地朝鮮の育種研究をリードした。このまま研究に没頭し、国内外で功績が讃《たた》えられ、「科学者」として満足感に満たされつつ人生を全うすることができたならば、彼はある意味幸せだったかもしれない。

だが、科学者としての挫折、時代の状況、さらには、彼の人文的素養がそれを許さなかった。永井は、当時最先端の遺伝学・育種学、そして、作物学の知識を有したまま、研究とは別のフィールドで、科学者以外の人びとのために文章を書き続けることになったのである。すでに引用したが、永井は『随筆水陰草』でこう述べていた。「大東亜戦とは米と小麦、水田と畑との文化戦である」。「文化戦」という言葉は示唆的である。永井は、「大東亜戦争」が武力だけによって遂行される戦争ではないことを認識していた。

永井のナチス観

一つは、「文化」の力である。「文化」、そして、その構成要素である「言葉」が勝敗を左右することを知っていたからこそ、永井は、文筆を続けたのである。

二つ目は、「米と小麦」、つまり、食糧であった。永井は、『日本の米』のなかで、次のように述べていた。

戦争は、戦場だけの勝ち負けできまるのではありません。戦に勝つても、負けた国があります。さきの世界大戦のときのドイツがそれです。あの戦争で、ドイツは、オーストリヤやトルコと組んで、英米はもちろん、世界の強い国々を向かふにまはして戦ひましたが、戦場では決して負けてはゐませんでした。（中略）それだのに、とうとう聯合国にかうさんしました。（後略）

それは、いつたいどうしたことでせう。国のうちのたべ物がだんだんたりなくなり、物はたいへん高くなり、どうにもかうにもならなくなつたとき、敵国のスパイなどは、このときとばかり、いろいろな悪い話をことさらにいひふらして、人々の心をみだしたためです。

戦場で、一度この知らせを聞いた軍人は、ほんたうにくやしくて、くやしくてたまらなかつたといふことです。ヒットラー総統もそのころは、陸軍の伍長でしたが、やはり戦場にゐて、なんともかんとも、いへない気もちがしたと、後になつてあらはした本に書いてをります。

また、イギリスもたべ物に困り、ほんのわづかの間しか、もちきれなくなつてゐたさうです。ただ、ドイツより何日か何週間か、ささへる力がよけいにあつただけのちがひで、戦争はドイツの負けになつたのです。

ですから、あの大戦争は、つまりはたべ物のあるなしで、勝ち負けがきまつたとも考へられます。

第一次世界大戦のとき、ドイツの諸都市の労働者や貧民は飢饉に襲われた。なかでも一九一六年の冬から一九一七年の春にかけての飢饉では、穀類のみならずジャガイモが不足し、ルタバガと呼ばれる家畜飼育用のカブの一種をひたすら食べて飢えを凌いだ（藤原辰史『カブラの冬』二〇一一年）。当時流行したインフルエンザ（当時「スペイン風邪」と呼ばれた）の病死者をのぞいても、七六万人以上のドイツ人が栄養失調で死んだ。こうした銃後の困窮と政府への失望が、一九一八年秋のドイツ革命への道を用意したのである。上記の永井の叙述は、この原因が、短期決戦の思惑がはずれたこと、イギリスの海上封鎖、そして、食料輸入国ドイツの食糧管理の杜撰《ずさん》さであったことには触れていない。しかしながら、第一次世界大戦に軍隊は参戦したけれども銃後は加わっていなかった日本の初めての総力戦である「大東亜戦争」が、いわば「食糧戦」になることを、永井は警告したのである。

「文化戦」と「食糧戦」。この二つの戦いに勝った国が、二つの世界大戦の勝者であった。永井は、この二つの戦争に同時に貢献できる貴重な人材であり、永井もこのことを十分に自覚していた。

日本人の「短日操作」

戦後、永井は、科学者として、あるいは文筆家として、いろいろな媒体を通じて、日本の植民地政策や敗北の原因を振り返っている。たとえば、一九四六年八月、敗戦から一年後に出版された『随筆野菜籠』では、次のようなことを述べている。

この日本稲の特徴は、日本人の性格にも類似が見出されるのではあるまいか。（中略）日本人は敏感である。もう少しあせらずに、自然のままにその特性の円熟を待つてゐたならば、もつと多くの実を結んだかも知れぬ。日本人が作り上げ得る文化の収穫も、日本人の「感光性」が「短日操作」によつて促進させられて、遂に一頓挫を来したのでは無かつたらうか。

戦前は、稈《かん》が短く、倒れにくい日本稲に自民族の誇りを重ね合わせた永井が、戦後は、同じような育種技師のレトリックで日本人の拙速さ（「短日操作」）を悔やんでいる。もっとゆっくり植民地経営をやれば、永井は良質の種子を開発できたのか、もっとゆっくり農民生活の向上を図れば、春窮をなくすことができたのか、もっとゆっくり朝鮮農民たちと会話ができれば植民地朝鮮はもっと豊かになれたのか、さまざまな永井の心理を推測させる文章ではある。しかし、こうした、現場と科学の緊張感をうやむやにしてしまう拙速かつ表層的な近代化こそ、日本植民地主義の性格であり、そもそも永井の果たした役割の一つではなかったか。あるいは、「緑の革命」や種子企業、そして、それに恩恵を被る人びとが反面教師として学ぶべき歴史ではなかったのか。私にはこう思えてならない。

蓬萊米による「緑の革命」

磯永吉と台湾

蓬莱米とは何か

満鉄農事試験場も、朝鮮総督府農事試験場も、みずから新品種を創出しそれを普及させるよりは、むしろ内地品種の選抜によって得た種子を優良品種として普及させることが多かった。しかし、台湾の場合は異なる。日本帝国の膨張過程において最初に吸収された台湾は、朝鮮や満洲よりも農事試験場の設置が早い。一八九六年であった。

植民地台湾

第四代台湾総督児玉源太郎は、一九〇一年一一月五日、総督府の高官や有力な民間人を官邸に招いて、米作増進に関する次のような訓示を出したという——台湾島の主要作物は米である。台湾は気候風土に恵まれているにもかかわらず、埤圳《ひしゅう》が未だ整備されていないために、収穫量が少なく、また品種の質も悪い。もし、水利を整えて米を作れば、いまの三倍の収量を得ることも難しくない。これによって、人びとはみな朝昼晩の三食で腹を満たし、その過剰を海外に輸出することができよう。

台湾で活躍した育種技師の末永仁《めぐむ》は、『台湾米作譚』(一九三八年)のなかで、この訓示を、「本島産業確立についての有名なもの」として紹介している。この児玉の訓告は、朝鮮模範試験場の本田幸介のような「改良品種をまず農民に育ててもらう」というやり方とは異なり、米の質の改善よりも、埤圳の改善事業に重きを置くものであった。埤とは、台湾土着の用語で、灌漑用の貯水池を表し、圳は人工的に開削した水路を表す。一九〇一年には台湾公共埤圳規則を制定し、総督府が個人の経営する埤圳を公的管理へ移行させるシステムを整えていく。一九〇六年には台湾内にある埤圳の調査が開始され、一九〇八年度からは、予算に「埤圳改良費」「水利事業費」が計上されるようになる(大豆生田稔『近代日本の食糧政策』)。

その最も大規模なプロジェクトが嘉南の灌漑工事であった(ただし、これはサトウキビ栽培の増産も意図していた)。台湾公共埤圳組合編『事業概観』(一九二四年)によれば、嘉南の水利事業は、一九二〇年から一九三〇年にかけて総工費五四一三万九六七八円にのぼる巨額な工事費を投じ、八田與一《はったよいち》によって設計され、彼の下で工事が進められていった。「台南州下住民の大部分は農を業とせるも土地の大半は灌漑の便を欠き又は排水不良のもの多く」、水田の全面積約九万四〇〇〇ヘクタールのうち、二万二六〇〇ヘクタールしか二期作に適せず、しかも、単収が低かった。そこに、取水口を曽文渓《ゼンウエンシー》の上流に設置し、五五億立方尺（一尺は約三〇・三センチメートル）の貯水能力を有する高さ一八五尺の貯水池を作り、そこから、幹線二六里（一里は約三・九キロメートル）・支分線二八一里・小給水路一八五〇里の給水路、二三九里の排水路と一四五五里の小排水路に、防水堤五七里・潮止堤二六里を嘉南平野に張りめぐらせた。総灌漑面積は一五万ヘクタールに及ぶ。一九三〇年三月に烏山頭《ウーシャントウ》ダム完成にたどりつくまで、隧道工事中に二〇数回のガス爆発に見舞われるなど、厳しい工事が続いた。この嘉南水利事業を筆頭に、台湾の水利事業は、台湾総督府の直接監督と経済的援助のもと、進められていく。一九三八年三月末段階で、灌漑排水を有する耕地総面積は、約五三万ヘクタールに及び、これらは、一〇六の水利組合（総面積のうち四九・一三％）と二つの公共埤圳組合（同二六・三％）、そして、一万三五五四の認定外の私人団体（同二四・五七％）によって管理されていた（川野重任『台湾米穀経済論』一九四一年）。

このような灌漑排水の大規模な整備が進められるなか、品種の改良も進められていく。一九〇七年前後の内地種か在来種かどちらかを中心に台湾米作を改良していくか議論があり、論争の末、総督府によって在来種の改良を優先していくことが決定された。内地種を台湾で栽培してもうまく育たなかったため、現実的な路線が選択されたわけである。総督府は一九一〇年から一九二〇年代初頭にかけて在来種改良政策を進めていく。一九一五年には各庁農会に補助金を交付して育種場を設置、各農家にスムーズに行きわたるよう、種子の普及ルートの整備もなされた。ところが、一九一七年から一九年にかけて、日本の植民地米需要が高まるなかで、内地種を供給できた朝鮮とは異なり、インディカ米を中心とする台湾米は市場での評価が低く、その限界が露呈する。そして、一九二〇年代から、不安定な外米《がいまい》に頼らないで、日本の帝国内食糧自給を実現すべく産米増殖運動が進められていくなかで、「異端視」されていた内地種育成が再び説かれ始めるのである。一九二五年に、磯永吉が内地種の導入に成功して以来、「蓬萊米《ほうらいまい》」は、慢性的な米不足に悩む内地に移出され、二期作の利点とその安価さを生かして、内地の市場に進出した。このとき、水利事業はまだ途上であった。以後、埤圳整備と品種改良の両輪によって、蓬萊米は作付面積を急増させていくのである。

蓬萊米

「蓬萊米」の命名者は、第一〇代台湾総督伊沢多喜男である。すでに台湾における在来種一〇〇〇あまりの調査を整理したうえで、内地種の純系分離によって台湾での内地種の育成に成功した育種技師磯永吉は、「蓬萊米・新高《にいたか》米・新台米」の三つの名前を伊沢に候補として提出していたが、台湾が古来より「蓬萊島」と呼ばれていたことから「蓬萊米」と命名された。一九二六年五月五日、台北鉄道ホテルで開催された日本米穀会第一九回大会の場で命名式が行われ、列席者は「声高らかに蓬萊米と三唱し」「急霰《きゅうさん》の如き拍手を以ってこれを迎えた」という（磯永吉『増補蓬萊米談話』一九六五年）。なお、植民地台湾の品種改良技術の優秀さを示すのは、「蓬萊米」ばかりでない。数量的には少ないが、従来不可能と言われていた台湾在来種（インディカ米）と日本内地種（ジャポニカ米）を世界で初めて交配させることにも成功した。

そして、蓬萊米の主役は、内地種から、内地種を交配して育成した高品質の新品種へ移行していく。島根県由来の民間品種〈亀治〉と一八九〇年代に西日本を席捲した〈神力〉を一九二四年に交配し育成した末に一九二九年に完成した〈台中六五号〉は、稲熱病《いもちびょう》に強く、肥料への反応性も高く、〈陸羽一三二号〉や〈農林一号〉ほどではなかったにせよ、当時としては「収量が多くて品質が良く稲熱病に対して大変強い」ため（末永仁『台湾米作譚』一九三八年）、一九三五年ころには、全蓬萊米作付面積の約七六％、一九三九年には、八二・八％を占めた。

農民導師

「稲も亦《また》大和民族なり」は、台湾でこそ最も華々しく実現されたと言ってよい。磯永吉は、こうした台湾における一連の品種改良事業を担った代表的な人物であった。第二次世界大戦後も、磯は中国大陸での共産党との内戦および台湾島内の人口増加によって食糧不足に悩む蔣介石に請われ、中華民国の農業顧問となり、一九五七年に帰国した。磯が日本に帰るとき、台湾関係者から送られた式辞のなかに次のようなものがあった。

農民導師　神農遺風
（台北市長黄啓瑞）

恵徳裕民　蓬萊宝島
（農民代表張深渕）

（前略）先生は暑いときも寒いときも全省各地を歩き回り、農村実地でわれわれ農民を親身になって指導してくださった（後略）。田舎の人間にこれほどまで愛顧指導をしてくださった御恩と御徳をいつになったらお返しできるのか分かりません。

黄昭堂は『台湾総督府』（一九八一年）のなかで、のちに台北帝国大学農学部の教授になる「磯永吉」の名前を挙げ、「戦後、台湾人が親日的傾向に転じたのは、かつて自分たちが教えを受けた国民学校をはじめとする各級学校の教師への敬愛の念がそうさせた」と述べている。

また、磯永吉の一周忌を記念して作成された『磯永吉追想録』（一九七四年）によれば、台湾政府は磯の帰国に際し、毎年一二〇〇キログラムの蓬萊米を磯に贈ることを約束した。ただ、食糧管理法の網に引っかかって、直接、磯のもとに蓬萊米が届けられることはなかった、という。さらに、民国政府からは、最高の勲章である景星《けいせい》を贈られた。

また、この『追想録』には、中華民国台湾省糧食局の「蓬萊米美味しいや」という歌の日本語訳が掲載されている。

一、揺れる光だ緑の風だ
　南風《みなみ》そよ吹きや豊かな穂波
　米は二度成る味は美味しく
　　名さへ台湾蓬萊米
　　　蓬萊米美味しいやよいお米
二、実る穂波だ黄金の色だ

乙女まじえて稲を刈り取る
籾の小山に小鳥の歌に
　名さへ台湾蓬萊米
　蓬萊米美味しいやよいお米
三、招く台湾お米の島だ
老ひも若きも豊年踊り
農民《たみ》は豊かに世紀を讃へて
　星なじみの蓬萊米
　蓬萊美味しいや宝米

以上のことからも、「田舎の人間」を「愛顧指導」した「農民導師」という前記の献辞が単なるお世辞ではないことが分かるだろう。農民を導く技師として、たしかに磯永吉は、戦前から戦後に至るまで台湾農業の発展をもたらしたのである。

〈台中六五号〉　〈陸羽一三二号〉や〈農林一号〉のようなスター品種のように、蓬萊米のなかにも中心的な品種があった。さきほど述べた〈台中六五号〉である。表3にも見られるように、蓬萊米も、初めは〈中村〉という、内地においてはほとん

表3　各品種の栽培面積の変遷

年	〈中　村〉	〈嘉義晩2号〉	〈旭〉	〈愛　国〉	〈台中65号〉
1924	26, 472	0	0	0	0
1925	84, 443	0	0	0	0
1926	111, 373	4	0	0	0
1927	79, 150	12	2	0	0
1928	61, 566	5, 726	540	208	0
1929	21, 927	25, 371	8, 551	1, 574	221
1930	16, 444	41, 706	15, 441	1, 421	15, 515
1931	8, 081	47, 553	15, 106	2, 509	44, 162
1932	4, 626	28, 051	14, 357	9, 761	104, 353
1933	1, 690	10, 309	18, 579	14, 923	164, 534
1934	827	8, 352	16, 496	15, 792	205, 712
1935	497	5, 722	20, 638	12, 769	244, 879
1936	360	4, 751	10, 686	15, 836	246, 349

（出典）　末永仁『台湾米作譚』（1938年）14ページをもとに作成。
（注）　表中、各品種の単位は甲（1甲≒1ヘクタール）。

ど注目されなかった品種であった。一八九七年に台北農事試験場が国立農事試験場九州支場から取り寄せたもので、純系固定したうえで、台湾で普及した。

その後、いくつかの交雑育種を経て、〈台中六五号〉がその中心を占めるようになる。一九三五年には、全蓬莱米作付面積の約七六％、一九三九年には、八二・八％が〈台中六五号〉だった。

この品種は、〈陸羽一三二号〉、〈銀坊主〉、〈旭〉の「第二次統一品種」ほど、食味が良いわけではない。だが、ジャポニカ米として

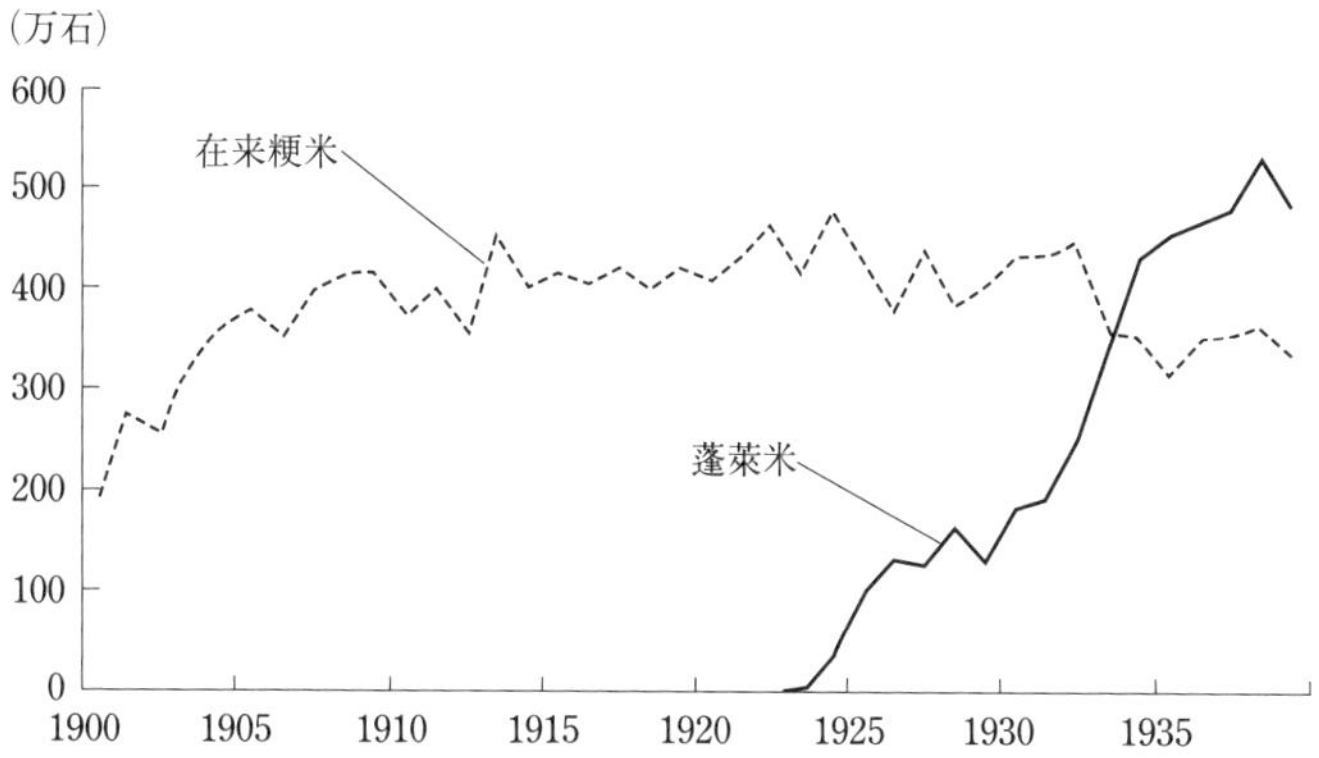

図16　台湾における蓬萊米と在来米の収穫高の変遷
（出典）　台湾総督府米穀局編『台湾米穀要覧』（1949年）9～12ページをもとに作成。

内地（とりわけ関東）に受容され、内地米および朝鮮米が市場に出回る端境期に移出されるという利点を生かし、内地が豊作になると米価下落の源とされるほどの存在感を日本の市場に示した。一九三二年の統計によれば、内地での普及面積は、一位の〈旭〉が三三万町歩、二位の〈愛国〉が一七万町歩、四位の〈銀坊主〉と〈坊主〉がそれぞれ一四万町歩であるのに対し、〈台中六五号〉は二五万町歩である（一町＝約〇・九九ヘクタール）。また、人工交配の品種では、〈陸羽一三二号〉が一二万二〇〇〇町歩で、朝鮮半島における一三万五〇〇〇町歩（ただし、一九三五年のデータ）を足し合わせると、帝国日本内でほぼ同じ程度の普及面積を有していたことが分かる。

　次に台湾における蓬萊米と在来米の収穫高の変遷を見てみよう（図16）。一九〇〇年から一九四〇年までの時系列データである。一九二〇年代後半から一九三〇年代にかけての蓬萊米の急速な普及過程が、このグラフから読み取れるだろう。

　ところが、重要なのは、在来粳米《うるちまい》がそれほど減少せず、蓬萊米も、ある程度上昇したのち、やや頭打ち傾向になっていることだ。これは、栽培農家がとくに自家消費用としての在来米栽培を手放さなかったことを意味する。

台湾農民の蓬萊米への違和感

手放されない在来種

では、なぜ、台湾農民は在来種を手放さなかったのか。

これに関して、堤和幸は次のように述べている。「蓬萊米《ほうらいまい》の生産増加が進む中で、在来粳米との価格差はむしろ接近していたことに目を向けなければならない。蓬萊米の生産は大量の肥料を必要とする。単位面積当たりの収量は増加するものの、豆粕などの肥料代支出は生産農民にとってかなり大きな負担であった。」「蓬萊米生産がようやく軌道に乗りだした一九三〇年代においても、地主にとっては蓬萊米ほどのリスクがなく、安定した島内需要と収益が見込める在来米の存在は捨てがたく、小作料を一挙に一期作蓬萊米へシフトさせる事態へは発展しなかったのではないかと考えられる」

（「一九一〇年代台湾の米種改良事業と末永仁」『東洋史報』一二号、二〇〇六年）。

つまり、肥料の問題が重要なのである。表4を見てみよう。これは、内地種と在来種を、さまざまな肥料量で育てた一九二四年の比較実験の結果である。無肥料だと在来種の反当収量が多く、多肥料になればなるほど内地種の反当収量が増える。ここで注目すべきことは、普通量区だと在来種の方がよく育つことである。これまでより多くの肥料を購入できる農家であれば、蓬萊米栽培に踏み切ることも容易であるが、これまでと同様の肥料しか購入できなければ、在来種の方が圧倒的に有利なのである。

次に、肥料の購入金額の増加を見てみよう（表5）。ここでは肥料集約的なサトウキビ農場が除外されている。だが、それでも購買肥料の全体に占める割合が一九三一年以降年々高まっていることが確認できよう。高い初期投資を行なえば、それだけ高いリターンが期待できるのはたしかだが、蓬萊米は肥料費の負担から逃れられない肥料依存型、しかも購買肥料依存型の種子であることが分かるであろう。

化学肥料の移入

一九二〇年代以降の日本経済の牽引役であった化学工業は、化学肥料の市場として台湾と朝鮮の農村をとらえていた。参考までに、日本から朝鮮および台湾への硫安の移出量は表6のとおりである。台湾への移出量は、一九三〇

表4　内地種・在来種に対する肥効力の差異（1924年）

	内地種〈中村〉		在来種（5種平均）	
	反当籾収量	指数	反当籾収量	指数
無肥料区	54,000	100	71,900	100
五割減区	59,700	111	79,300	110
普通量区	70,200	130	80,400	112
五割増区	83,300	156	77,600	108
二倍増区	98,100	182	75,900	106

（出典）磯永吉「水稲内地種」『台湾農事報』第222号（1925年）21〜22ページをもとに作成。
（注）表中、反当籾収量の単位は貫。在来種は第一期作のデータ。

表5　サトウキビ園以外の肥料消費高の変遷

年	購買肥料		自給肥料		総価格中購買肥料の占める割合
	価　格	指数	価　格	指数	
1928	17,896	100	16,987	100	51.30
1929	16,814	94	16,355	96	50.69
1930	14,276	80	15,275	90	48.31
1931	10,368	58	14,821	87	41.16
1932	16,240	91	16,506	97	49.59
1933	22,643	127	16,650	98	57.63
1934	26,014	145	18,309	108	58.69
1935	31,917	178	19,623	116	61.93
1936	37,566	210	21,161	125	63.97

（出典）川野重任『台湾米穀経済論』（1941年）83ページをもとに作成。
（注）表中、価格の単位は千円、割合の単位は％。

表6 朝鮮・台湾への硫安・過リン酸石灰の移出高

年	朝鮮		台湾	
	硫安	過リン酸石灰	硫安	過リン酸石灰
1921	—	—	4,429	12,733
1922	—	—	6,838	12,983
1923	614	—	8,884	14,716
1924	6,208	—	16,685	27,255
1925	14,945	—	15,576	34,054
1926	29,797	—	9,481	33,776
1927	32,364	—	8,107	39,948
1928	50,129	—	7,792	41,993
1929	78,615	—	14,873	38,965
1930	62,631	—	21,241	35,095
1931	22,538	22,177	18,857	32,115
1932	17,949	39,197	49,491	41,803
1933	21,893	56,743	40,351	50,108
1934	37,132	62,145	50,926	59,414
1935	33,570	93,156	69,719	58,248
1936	67,425	113,232	114,599	55,211
1937	43,509	120,134	137,331	50,120
1938	53,656	142,328	155,903	46,840
1939	29,634	134,154	101,698	57,070
1940	41,447	112,515	72,414	64,403
1941	31,173	68,349	51,980	50,539

（出典） 近藤康男編『硫安』（1950年）をもとに作成。
（注） 表中、移出高の単位はトン。

年代前半に大幅に伸びている。一九三一年から一九三八年まで、八倍強の伸びを見せている。朝鮮の場合は、日窒コンツェルンが朝鮮北部に工場を建設することで賄うことができたが、台湾には朝鮮ほどの大きな化学プラントがなかった。それでも、日本から移入された化学肥料が、蓬萊米の生産力を支えていたのである。

農業経済学者の川野重任《しげとう》は、次のように述べている。「蓬萊種の栽培は、在来種のそれに比して、肥料費を始めとして、労賃・材料費等ヨリ多額の経営費を必要とするが、然し反面、又、ヨリ多額の収入を挙げることによつて、殊に自家労働力をヨリ多く所謂《いわゆる》「消化」乃至「収益化」することによつて、私経済的には極めて有利」となる（『台湾米穀経済論』一九四一年。傍点は原文ママ）。肥料の購入が多額の収入に結びつくことを肯定的に述べている。また、「蓬萊米の父」磯永吉とならんで「蓬萊米の母」と称せられた末永仁《めぐむ》の回想録を見てみよう。

在来種は肥料が多い場合茎が倒れて収量が挙り兼ねますが蓬萊種は之に反して多肥の効果が顕著であります（。）併《しか》し在来種は無肥料の場合でも可成《かなり》よい収量を挙げます。本島農家の肥料観念も蓬萊種を栽培するやうになり著しく向上しました。台中州下の員林《ユエンリン》地方は反当豆粕三枚位が普通でありまして甚だしきは八枚も施して稲熱病を起させ失敗した実例が少くありません。米価高に刺激された本年の如きは一反一四五円の金肥を使つたものはざらにあつたのであります（『台湾米作譚』一九三八年）。

このような熱狂と科学技術の普及は、植民地台湾でも表裏一体なのである。

農民たちの意識

では、当時の農民たちの意識はどうであったか（表7）。この調査は、『台湾農事報』（三二六号、一九三三年三月）に掲載された鳥越勝次と鵜川須亭雄の「農家が蓬莱米を消費せざる理由及び蓬莱米丸糯《まるもち》を栽培せざる理由に関する調査」で、一九三二年一一月二三日発送（翌年一月七日締切）の、台北州下の農家八五〇軒に配布したアンケートに基づく（回答率は六五％。ただし、理由欄の言葉は現代語に改めた）。鳥越たちのモティーフは、「台北州下に於て農家の多くが在来米を飯米とし、蓬莱米を使用せざる理由及び蓬莱米丸糯米栽培面積が、この数年来殆んど増加せざる理由について」「その全貌」を明らかにすることであった。

まず、注目に値するのは、「比較的収量が少なく、生産費が多くかかる」という回答が二七％を超えていることである。これもやはり、肥料費を含む生産費の肥大が蓬莱米栽培に躊躇せざるをえない大きな理由であることの傍証であろう。そして、理由が多岐にわたることも無視できない。稲藁が水牛の飼料になりにくい、あるいは、気候不適というところからも、蓬莱米というモダンタイプの品種の普及が（しかも、帝国日本領域内では最も成功した例であるにもかかわらず）、どれほど台湾の有機的な生活の連鎖あるいは風俗慣習に変更を迫るものであったか、端的に言えば、文化や環境の固有性を大きく変えるものであったかをうかがい知ることができよう。

表7　台北州台湾人が蓬莱米を栽培しない理由

理　　由	件数	割合
比較的収量が少なく、生産費が多くかかる	122	27.29
価格が比較的高価にならない	84	18.79
病害虫のため	82	18.34
土地不適	36	8.05
痩地	(12)	(2.68)
山手	(20)	(4.47)
低湿地	(4)	(0.89)
気候不適	27	6.04
栽培法に不慣れ	19	4.25
蓬莱米に適品種なし	19	4.25
ワラが水牛の飼料として適さない	18	4.03
自家消費できない	16	3.58
小作料を蓬莱米で納めると不利である	11	2.46
収穫期遅延	10	2.24
脱穀機が必要	2	0.45
倒伏するため	1	0.22

（出典）『台湾農事報』316号（1933年）248〜249ページをもとに作成。
（注）表中、割合の単位は%。（　）内の数字は内数。

表8　台北州台湾人が蓬萊米を飯米として用いない理由（1932年）

理　由	件数	割合
高価であるため	409	55.12
慣習上	139	18.60
炊き方を知らない	64	8.63
釜殖が少ないため	58	7.82
粘り気が多く、消化不良のため	51	6.87
付近に蓬萊米がないため	22	2.97

（出典）『台湾農事報』316号（1933年）248ページをもとに作成。
（注）表中、割合の単位は％。

次に、同じアンケート調査のなかで、「蓬萊米を飯米として用いない理由」についての回答結果を見てみよう（表8）。ここで問題になるのは、自家用として蓬萊米はあまりにも高価であること（移出向けの商品・換金作物にすぎないこと）、さらには慣習上在来米を手放せないこと（蓬萊米はビーフンには適さない）である。やはり、導入に成功したという定評のある新技術でさえ、慣習的にも経済的にも生理的にも、どれほど違和感を持って受け入れられたかが明らかであろう。在来米と並んで甘藷《かんしょ》が日常において食されたことも指摘しておこう。

ちなみに、台湾島の先住民は、伝統的に、狩猟で得た動物や粟《あわ》・甘藷などを食べていた。また、酒の醸造用として粟の他に、長稈《ちょうかん》・有芒《ゆうぼう》の糯米《もちごめ》の陸稲も栽培していた。日本の統治以降、水稲栽培を行う先住民も現れたという。だが、基本的には、大陸から渡ってきた

「漢民族」の農民がインディカ米の消費と生産の中心であったことは確認しておきたい。つまり、台湾における日本の品種改良プロジェクトは、台湾全域の農業発展を目標に据えていながら、実際は漢民族向けの政策だったのである。

改良品種とは、いったん採用されると、経営の内部においてみずから再生産される。年々、経営外からの購入を必要とする肥料とは異なり、普及が速やかである。「品種を中心とする技術関係の維持が容易」なのだ（川野重任『台湾米穀経済論』一九四一年）。それだけに、一度導入されると、それが導入先の生活の文化・伝統・慣習の有機的つながりを、徐々にかつ機械的に変更し続ける。これを意識し続けるのは、帝国日本の技術者ではなく、地元の農民である。

札束と農民

また、このような地元の農民の反応に関して、もう一つ、興味深いエピソードがある。これは、反対する妻を押し切って蓬萊米を導入した夫が、一年後予想以上の報酬を得て、その札束で妻の頬を叩くというものだが、磯永吉の『増補蓬萊米談話』（一九六五年、初版一九六四年）と、磯とペアを組んで育成にあたった主任技師の末永仁の『台湾米作譚』（一九三八年）で、同じ話なのに強調する点が異なり興味深い。もちろん、年代が異なるので、執筆者の記憶の差は歴然としている。だが、それでも、このわずかな違いが、当時の台湾農民の微妙な立場を表しているように思えるのである。まず、磯の『増補蓬莱米談話』から見てみよう。

話は中部沙鹿《（シャールー）》の一農家のことである。米商の勧誘に応じて、蓬萊種を作ろうとしたが細君が仲々承知しない。果ては夫婦喧嘩にまで展開したが、夫君は暴断で押し勝った。やがて収穫期になってみると、穣々《（じょうじょう）》たる黄金の実のり、妻君もまんざらわるい気持もしない。

くだんの米商がやって来て、収穫全部を買取った。夫君は、その代金がかねての胸勘定より遥かに多いので喜びのあまり、札束を握って屋内に走り込み、大声で愛妻の名をきせわしそうに呼びつづけた。「何事ならん」と出て来た妻君の頰辺を、札束でいとも可愛げに「此奴め、此奴め」と幾度もはたいた。その時ばかりは、はたかれながらも、うっとり、にっこりと夫君を見上げた《ママ》いたと云う。

これに対し、末永の記述は以下のとおりである。

当時（大正一二年前後）台湾産内地米には内地種と云ふ銘柄が附けられ、内地に歓迎せられたため、米商側でも非常に宣伝して農家の栽培を勧めたものです。台中州下の内地種米栽培の元祖は大甲郡梧棲街鴨母寮《（ダージアーチユン・ウーロウジエ・ヤームーリアオ）》の王文進《（ワン・ウエンジン）》と云ふ人でありますが、

> 此《これ》は沙鹿の米商陳情秀《チエン・チンシウ》氏が種子を台北から取寄せて作らせたのでした。之を栽培することについて同人の妻はそんな作つたこともない判らない稲はおよしなさいと云つて拒んだのでしたが、耕作の結果は相当なもので、殊に米商の方で御祝儀相場で買つて呉れたので、在来米よりも非常な利益となり、大喜びで帰宅して札束で妻君の頰を叩いて勝利を誇つたと云ふ喜劇もあります。

磯永吉は、札束で妻君の頰を叩くシーンに蓬萊米の勝利を見ていることは明らかだ。しかし、末永がこの話で示しているのはそれだけではない。

未知なる品種

第一に、総督府の技師が推奨する新品種へのぬぐいがたい拒絶感である。「そんな作つたこともない判らない稲はおよしなさい」という「妻君」の頑《かたく》なな抵抗は、新品種導入の第一歩がどれほど台湾の農民にとって勇気のいることであったかを示している。この点、川野重任のこの話に対するコメントが示唆的である。「総て『未知』のものは循環の途を歩く農民達にとつては禁忌である／農業に於ける新生産方式の導入の過程、その冒険的性格、及び農民の対応の仕方は極めて暗示的である」。川野は、新品種拒否の構造を農民一般の心情の問題として片づけているのだが、夫婦喧嘩をしてまで導入を拒んだ「妻君」には、おそらく三重の違和感があったのではないか。すなわち、新来の人間が、新来の技術によって、新来のジャポニカ米を奨励することへの違和感である。

換金性

それとの関連で、第二に磯から抜け落ちているのは、その違和感を払拭する方法に対する視線である。米商人が「御祝儀相場」で買ってくれたとあるが、違和感は、換金されることで消えたのではないはずだ。たとえば、一九二六年の第一期作蓬莱米が未曽有の稲熱病《いもちびょう》の被害にあい、磯永吉が「胸に五寸釘をうたれるおもいを以って被害地を見廻」っていたとき、「たとえ蓬莱米が、あひるの卵程の大きさの粒になることがあっても、一生涯決して蓬莱種は作らない」という農民の怨念まで耳にしている（『増補蓬莱米談話』）。この言葉に、農民一般の「禁忌」だけを見るのは、無理があるだろう。ここには明らかに違和感のみならず憤怒の情が含まれている。なるほど、磯は、翌年また同じ農家を訪れてみると、その農家はやはり蓬莱米を作っていた、と述べ、蓬莱米が信頼を得た証左としてこの話を語っている。ただ注目すべきことに、その主な理由は「売って見たら在来米より儲かった」というものであった。

以上のエピソードからすれば、蓬莱米は、それが生産体系全体に及ぼす影響を農家が正確に理解したうえで普及したのではなく、その圧倒的な換金性が、新品種に対する拒絶感もろとも棚上げすることによって広まったと考える方が自然である。

磯永吉と政治

踊る磯永吉

磯永吉は、一八八六年一一月二三日、広島県福山市で生まれた。磯家は、もともと福山藩阿部氏に仕える家で、永吉も旧武家としての生活規範のなかで育った。一九一一年に札幌にある東北帝国大学農科大学を卒業、一九一二年に台湾に渡り、農事試験場・中央研究所で技師を務め、蓬莱米《ほうらいまい》の開発に従事。一九三〇年からは台北帝国大学農学部の教授に就任した。一九四五年には、蔣介石に請われ、中華民国の顧問として台湾に残り、一九五七年八月に帰国することはすでに述べたとおりである。その後、山口県防府市に住居を構え、山口県専門委員として、山口県農業試験場の研究者の指導にあたった。また、一九五八年からは山口大学で熱帯農学論の集中講義を担当した。一九七二年一月二一日、岡山で死去、享年八五歳であった。

『磯永吉追想録』を読む限り、磯永吉は魅力的な人間であった。研究に対する真摯な態度、米に対する並々ならぬ愛着、交友関係の広さ、放任主義的な研究指導、ドイツ仕込みのダンス、「ダンディー」な装い、無類の猥談好き、みずから話題にして喜んでいた禿げ頭、卓越した腹芸など、磯の社交的な性格は、部下・学生・同僚・政治家・家族を魅了してやまなかった。クリスチャンでリベラルな妻のたつは、夫の論文の清書から毎日のように訪れる客の接待をこなし、磯サークルの女主人として骨身を削った。だが、戦後、帰国したいと夫に懇願するも、旅行鞄を与えられるだけで、結局台湾で病歿する。彼女のことを追想する書き手も多い。

こうした磯の性格も関係しているだろう、磯永吉を批判することはほとんどタブーと言ってもよい。日本でも台湾でも磯永吉の偉業を讃える文献は数多くあるが、その批判的検証はほとんどなされていない。たしかに、永井威三郎《いさぶろう》に見られるような自民族中心主義は、磯永吉の数ある仕事のなかにはほとんど顕在化していない。そもそも他の育種研究者に見られる悲壮感がない。磯は、その才能と社交性ゆえに、台湾で微妙なバランスを保ちつつ、蓬莱米という絶対的な功績によって、人びとの尊敬を集めていた。

しかし、だからこそ、磯永吉については徹底的な検証が必要とされるのである。彼の柔軟さのなかに日本の台湾支配の鍵が隠されているからである。

政治を避ける磯

蓬莱米を育成した磯永吉の口癖は、「田んぼのあぜ道で死ねれば本望」だったという。この言葉を引用した『北海道新聞』（二〇〇七年八月三日付）の記事は、続けてこう記している。「生々しい政治の話題は避けていた。だが、その研究は戦前は日本の植民地統治を、戦後は冷戦の最前線を支えた」。

たしかにそうである。植民地統治に対するコメントを期待できそうな磯永吉の講演録「台湾産米改良事業史概説」（『第二十五周年記念論文集』大日本米穀会、一九三一年）、「第十九回米穀大会後十箇年間に於ける蓬莱米の発達に就いて」（『台湾農事報』三四九号、一九三五年）、さらには回想録『増補蓬莱米談話』を読んでも植民地統治に対する賛美も批判もない。植民地統治の現実に対して素朴なまでにほとんど無批判であったような印象さえ与える。同時期に植民地期朝鮮で活躍した農事試験場技師（西鮮農事試験場長）の高橋昇が「日本から朝鮮に持ってきた技術のなかで役だったのは正条植だけだ」と喝破し、日本の技術者の朝鮮伝来の農法に対する無知をつねに叱責していたのと比較すると、磯の科学技

表9　在来種・蓬莱種の甲当たり玄米収穫量の比較

年	第一期作		第二期作	
	在来粳	蓬莱粳	在来粳	蓬莱粳
1922	11,957	17,087	9,771	10,000
1923	11,502	15,757	8,094	15,053
1924	12,445	15,909	10,484	11,128
1925	12,482	14,825	10,804	9,909
1926	11,793	10,547	10,919	11,155
1927	12,595	12,277	11,221	12,358
1928	11,980	12,229	10,977	11,681
1929	11,970	12,447	10,912	13,250

（出典）　磯永吉「台湾産米改良事業史概説」『第二十五周年記念論文集』（1931年）372ページをもとに作成。
（注）　表中、収量の単位は石。

術発展史観とプラグマティズムを信じる態度には、一点の曇りもないかのようだ。

恣意的な解釈

だが、磯は必ずしも非政治的人間ではなかった。たとえば、第一に、磯は「台湾産米改良事業史概説」のなかで、表9を掲げている。ここで磯は、「第一期作第二期作を通じ蓬莱米の収量が常に在来米の収量を超越する傾向が確実に現はれて来て居るのである」というコメントを残しているにすぎない。しかしこの表をよく見ると、第一期作の蓬莱米の収量は年々減少傾向にあり、また、第二期作の蓬莱米も上下変動が激しい。第一期作では一九二六年と一九二七年、第二期作では一九二五年、在来米の方が高い数値を残してさえいる。ここからは、蓬莱種の気候変動に対する弱さ、在来種の安定感を読み取ることさえできるのだが、磯はそこを完全に無視している。数値を厳密に扱うことが絶対条件である研究者が、みずからの主張をとおすためにやや恣意的な解釈を行なっているのである。

磯の技術至上主義

第二に、磯の回想録『増補蓬萊米談話』のなかには、自分が成功者であることに寸分の疑いもなく、また、自分の成功に対し他者は絶対に従うことを所与の前提としている節がいくつか見られる。たとえば、高雄《ガオシュン》の蓬萊米について次のように述べている。

余は、命により蓬萊種栽培奨励のため、旧各州を歴訪して高雄州庁に行った。州知事開口一番にいわく、「当州の農民は在来米を食い慣れていて、蓬萊米は好かんと思う。だから蓬萊種の栽培は奨励しないよ」と。余は答えた。「蓬萊種の栽培奨励については、すでに総務局長官通達があったはずでありますが、しかし地方事情にして知事が不適当と思われるなら、その理由を具申されたらよいと思う。私見としては、蓬萊種栽培が有利であるのに、そのことを農民に周知させないのは不親切とも考えられる。作る作らないは農民の勝手で、無理強いすべきではない。また、作る農民に対しては、誤ちなからしむるため懇切に技術の指導をなすべきである。また、出来た蓬萊米を自家消費にあてたのでは利益にならないから、慣れた在来米を喰って高値で蓬萊米を売った方がよいと思うし好く好かんは今から決めてかからなくとも、時がそれを解決するでしょう」といった。知事黙然。

その後、同州は蓬萊種栽培奨励に大童となり（後略）。

たしかに、台湾農民に選択の自由を与え、技術の指導を懇切にすべきだと説いてはいる。磯永吉は決して現場の論理を軽視したわけではなかった。けれども、磯の言い方には、どこか現場に対する無責任さが感じられないだろうか。磯は現地農民に、自分が開発した良質の蓬萊米を食べてもらおうという気がまるでない。まずは、農民が現金を手に入れれば、あとは勝手に蓬萊米が普及する、と考える。技術の進歩が、これまで慣れ親しんできた慣習の改変という生活者にとっては非常に大きな問題を素通りしていく。そのうえさらに、台湾を、蓬萊米という商品を生産する食糧基地として固定化することに躊躇を感じない。もちろん、台湾の農民は、日本の領台以前から、茶などの商品作物の生産を通じて商品経済に比較的馴染《なじ》んでいた。だが、それをふまえてもなお、「時がそれを解決する」という言葉に表出している、蓬萊米に対する自信とその商品性がすべてを解決してくれるというような技術至上主義的感覚は、特記に値する。それは知事をほとんど恫喝《どうかつ》する勢いである。

たとえば、「戦争によって近隣諸国にはかりしれない多大の迷惑をかけた。だがそのかげで、かの地の農業の振興に身命を賭した日本人研究者がいたことも事実である。（中略）磯永吉らの活躍は、その一例であった」（西尾敏彦『農業技術を創った人たちⅡ』二〇〇三年）という評価は、蓬莱米と磯永吉に対する過小評価であろう。蓬莱米と磯永吉は、それらが根ざす現場に、力でねじ伏せるように、より深く、より強く関わっていたのである。

磯のプラグマティズム

磯永吉は、「農学栄えて農業滅ぶではない」という言葉をモットーとし、日本農学の先駆者であり、小農主義の主唱者である横井時敬《ときよし》の有名な言葉「農学栄えて農業滅ぶ」という、駒場農学校的な農学批判を克服しようとしていた。ここには、札幌で大学生活を送った磯永吉のプラグマティズムが息づいている。現在の北海道大学農学部の前身にあたる、札幌農学校・東北帝国大学農科大学・北海道帝国大学農科大学・北海道帝国大学農学部からは、多くの卒業生が台湾に渡り農業研究に従事しており、磯永吉はその人脈の代表格の一人であった（山本美穂子「台湾に渡った北大農学部卒業生たち」『北海道大学大学文書館年報』第六号、二〇一一年）。このモットーに忠実に、磯永吉は、農学を現実政治に接続した。ただしそれは、日本による台湾統治を科学技術の問題に矮小化することによって。蓬莱米と磯永吉を、「緑の革命」の前史として位置づけることに私が抗えないのは、こうした磯農学の「善意」に固着する「力」への意志ゆえである。この場合の力というのは、軍事力とは異なり、暴力を伴わない。言論の力とは異なり、相手を言葉で説得させるわけでもない。磯永吉の力は科学の力である。この力は、ちょうど緑の革命がそうであったように、収量が増すという現実によって現場を圧倒する。そのあとに生まれる利益を、化学肥料の作り手および売り手たちが吸収していくのである。

蓬莱米から「緑の革命」へ

「緑の革命」

このように、磯永吉を緑の革命と連続的にとらえることは、私の独断ではない。東畑精一《とうはたせいいち》は『農書に歴史あり』（一九七三年）のなかに、雑誌『図書』の「磯永吉と台湾の蓬莱米」という文章を再録している。その「後日付記」に次のようなことが書かれてある。

戦後フィリピン国際稲研究所（チャンドラー所長）のところで——おそらくは台湾米を祖として——ＩＲ品種の多数が開発されたし、また小麦については日本の農林一号種を祖とした新増産品種がメキシコでノーマン・ボーローグ博士（中略）によって開発された。これらはいずれもインドやパキスタンその他で農家によって栽培されて、米麦の大増産に大いに役立っている。これをグリーン・レヴォリューション（緑の革命）と呼んでいるが、磯博士が台湾で行なったところは、まさに第一回のグリーン・レヴォリューションと呼ぶべきものであった。

戦後、フィリピンの国際稲研究所によって育成された〈IR-8〉や、メキシコの国際農業研究機関トウモロコシ・小麦改良センターで開発された〈ソノラ〉などの高収量種子は（のちにその世界平和に対する功績が認められてノーベル平和賞を受賞することになる研究者ノーマン・ボーローグによって開発されたが）、その抜群の耐肥《たいひ》性ゆえに、開発途上国の農業生産高を飛躍的に増進し、地元の農民に富をもたらした。フィリピンとメキシコの研究機関は、いまはモンサント社も支援しているロックフェラー財団、のちにはフォード財団や多国籍アグリビジネス企業によって莫大な資金援助を受けており、これらの企業の市場開拓に多大なる貢献をしたのである。

これらの一連の技術革新は、一九六八年三月八日の国際開発協会のスピーチで、アメリカの国際開発局の事務局長ウィリアム・S・ゴードによって「緑の革命」と名づけられた。彼はこう述べている。「この革命は、ソヴィエトのような暴力的な赤の革命ではなく、イランのシャーのような白の革命でもない。わたしはこれを緑の革命と呼ぼう」。つまり、緑の革命は、社会主義とイスラームという資本主義国とは異質な原理をもつ国家に対抗するための、きわめて政治的なプロジェクトだった。東畑精一は、この緑の革命の成功を前提に、磯永吉の偉業を讃《たた》えたのであった。

「緑の革命」の限界

たしかに、緑の革命は、開発途上国の、単位面積あたりの農業生産力を飛躍的に増大させ、低所得者に現金収入をもたらし、彼らの生活水準を上昇させた。土地を新たに開墾・購入しなくても、これまでの土地の規模で大きな収益を得られるようになったのである。けれども一方で緑の革命は、新種子に必要な肥料・農薬・水への依存を高めた。この依存構造から抜け出すことは、薬物依存と同じほど困難である。肥料や農薬は多国籍企業が販売した。水は、大規模な灌漑工事によってもたらされる。短稈《たんかん》の稲は、生活資材原料としての藁《わら》を生み出さなくなり、人々の生活のなかに次第に先進国のプラスチック製品が進出し始めた。水資源が枯渇して塩害が出現し、緑の革命以前よりも貧しくなった地域も見られた。

こうした緑の革命に対する批判は、決して一時的なものではなかった。たとえば、フランスでは、緑の革命へのアンチテーゼとして、互酬性の論理を軸に自家種子の交換を積極的に展開する動きが見られ、一九八九年には「農家種子保護のための全国連絡会」が結成された。生産者同士の活発な種子交換は、フランスのみならず世界各地でなされている。まさに、育種者・栽培者・販売者と農業の分業を前提とする「フォーディズム農業」への批判であり、「緑の革命の失敗」以後の新たな農業のあり方を探る試みである（須田文明「フランスにおける作物育種研究の展開―生物多様性の分散的管理のために」『総合政策』第一〇巻第二号、二〇〇九年）。

すでに世界各地の研究者のあいだでも、育種が政治や社会構造ととりわけ深く関わる科学技術であることが指摘され始めている。緑の革命の失敗から科学技術批判を展開した研究としては、日本でも、ヴァンダナ・シヴァの『緑の革命とその暴力』（一九九七年）やスーザン・ジョージの『なぜ、世界の半分が飢えるのか―食糧危機の構造』（一九八四年）を読むことができる。一九七〇年代、国際稲研究所によってジャポニカ米とインディカ米を交雑して開発された〈統一《トンギル》〉という水稲品種が、韓国の朴正熙《パク・チヨンヒ》独裁下で国威発揚の道具として利用されたが、結局、病害にやられ、急速に歴史の表舞台から姿を消していった事実も緑の革命史の重要な一ページである。なお、〈統一〉は、〈IR‐8〉を父本に、戦後台湾で育成された〈台中在来一号〉と戦後北海道農業試験場で育成された〈ユーカラ〉の交雑種を母本にしており、日本の育種研究の成果と深く関わっている（巻末参考文献掲載の Kim Tae-Ho の研究発表を参照）。

さらには、ナチス時代の一九三四年に制定された種子令も興味深い。種子の認証制度を設けるとともに、公的機関の育種と民間企業の育種の棲み分けを整備し、これまで氾濫していた種子を整理して、高品質の種子が出回りやすくし、小農にも生産性の高い種子が行きわたるように試みたものである。だが、結局、失敗に終わった。この例を、ナチスにも「緑の革命」と同様の「ハイ・モダニズム」という概念を用いて説明しているジョナサン・ハーウッドの研究も、示唆的である（同掲 Jonathan Harwood の論文を参照）。

それゆえ、緑の革命の前史として磯永吉と蓬萊米《ほうらいまい》、さらには、朝鮮総督府の試みや〈富国〉を批判検討することは、きわめて重要である。緑の革命は、日本の帝国経験を検討することなく、もっぱらテクノロジーの力を借りて政治の課題を克服しようとした、ということを明るみに出すからである。

札束で妻の頬を叩いた農民や、あひるの卵ほどの粒になっても蓬萊米は作らないといった農民、これまでの生活慣習から在来米を手放せない農民たちに、磯永吉はどこまで迫ることができたのか。そのきわめてナーヴァスにならざるをえない問題を、科学技術の優越性に託すことで、回避していなかったか。

こう考えるとき、次のエピソードに触れなければならない。『磯永吉追想録』で、鈴木直治が次のような磯の発言を回想している。

IRRI招聘の拒否

実はIRRI〈国際稲研究所〉からは自分にも誘いがあったが、IRRIの方針にはかならずしも賛成できないので断った。フィリピンの米の生産をあげるために、さしあたって何をなすべきか、については自分なりに意見はあったがIRRIはとてもききいれそうもない〔。〕

IRRIが磯永吉を研究者として招聘しようとしたことは、磯永吉から緑の革命への技術史的連続性を、緑の革命の側から裏づける事実である。ただ、磯永吉が断ったことは看過できない。鈴木は、「ミラクル・ライス」といってもてはやされた〈IR-8〉をインドに導入した結果、「白葉枯病《しらはがれびょう》の餌食」になった事実を紹介しつつ、「最も自信にあふれた」「米国」が「科学の勝利を確信して疑わなかった」ことに、磯永吉が違和感を覚えていたのではないか、と推測している。詳細は定かではない。これまでの磯の研究の態度から、磯が、国際稲研究所の緑の革命が現場から遊離している点を批判した、という可能性は十分にありうるだろう。交雑育種を中心的に行なう国際稲研究所とは異なり、磯永吉は台湾の在来水稲品種を調べ尽くし純系固定したうえで、内地種の導入を検討した。拙速を拒む研究態度と、その自負が、ＩＲＲＩからの誘いを断る理由の一つであったことは否定しがたいだろう。

磯の南方稲調査

けれども、それは、磯永吉が「緑の革命」的な科学技術を通じた先進国による開発国の生態学的な「支配」の先駆者であったことを否定する事実ではない。むしろ、それを補強する事実である。これは次のことからも言える。実は、寺尾博が「稲と大東亜共栄圏」というエッセイで述べていた「南方稲の調査」を、磯永吉は行なっていたのである。磯永吉は『増補蓬萊米談話』のなかで、「自分は総督〔後藤文夫〕の命により旧仏印・タイ・マレー・印度・ジャワ・フィリピンの稲作事情並びに米取引関係調査のため、台湾を出発した」と述べている。

私は、しばらくこの事実を裏づける史料を見つけることができず具体的な内容を知ることができなかったが、二〇一一年一〇月に国立台湾大学の図書館で調査をしたところ、一九四三年四月付の『比島軍用米増産対策に関する復命書』というマル秘文書を見つけた。これは、「比島軍政部産業部より諮問せられた事項」に関する報告書であり、一九四五年の段階で、フィリピンで蓬萊米の栽培をすることによって一五万石の軍用米の確保は可能か、という諮問に対する回答であった。磯永吉の結論は、可能であるが、そのためには

「農家慣行の機微」に触れ、気候風土を熟知し、腰を据えて技術訓練と改良に取り組まなければ困難である、というものであった。また、蓬萊米ばかりでなく、在来種も育てることで、リスク分散も図るべきだという指摘も見られる。磯は、軍部に対しても可能な限り自分の意見を述べることで、日本の戦争を支えていた。磯永吉は、『増補水稲耕種法講演』（一九四四年）で、南部仏印の稲作の概況や、フィリピンのルソン平野における稲作の概況について克明な報告を行なっている。ここで注目したいのは、この「序」で、これを編集した台湾農会が、「台湾に磯永吉あり」と称揚したあと、こう述べていることである。「本島の米が時局の重大要請を担ふ秋《とき》、更には南方諸域を拓かんとする此の時、誠に時宜を得て本著を世に送ることは独り本会の欣幸には尽きないのであつて、敢て本島竝びに南進関係諸彦《しよげん》に推奨する次第である」。磯永吉は、日本政府の方針であった「南進」を、米を通じて担っていたのである。

もちろん、農相井野碩哉《ひろや》の「南方地方米作の蓬萊米転換を採らず」という衆議院予算委員会で発言した方針と（『東京朝日新聞』一九四二年一月二九日付）、戦況の悪化により、蓬萊米のフィリピン進出は戦時中に果たされることはなかった。

ジャワの蓬莱米

ただ、一九四二年三月から一九四五年八月まで日本陸軍第一六軍が支配したジャワ（現在はインドネシア共和国の一部を構成する）では、蓬莱米が農民たちによって栽培されたという。磯永吉は、すでに一九三一年の論文でこう述べていた。「今日余の関係者は同法（苗代日数の生育期間を短縮して、早期に若苗を移植し、分蘖《ぶんげつ》を増大させる方法）により爪哇《ジャワ》に於て蓬萊種の栽培を試して居るが、最近極めて良好なる成績を収めつゝある事は面白く注目に値する事である」（「台湾産米改良事業史概説」）。また、倉沢愛子『日本占領下のジャワ農村の変容』（一九九二年）にも、蓬莱米について言及がある。軍政当局は、占領軍と他の占領地に食糧を供給するため、デサという村落組織を利用しつつ、米穀増産運動を行なった。オランダ時代の甘蔗《かんしょ》・コーヒー・茶などの農地を水田に変えたり、ジャワ人が好む脱粒種の〈パディ・ブル〉の代わりに生産性の高い〈パディ・チェレ〉を推奨したりした。また、ジャワに適した品種を導入すべく、ボゴール農事試験場で、日本人とインドネシア人双方の研究者による実験が行なわれたが、ここで蓬莱米も試された。おそらく、このような試験に、磯の「関係者」が関わっていたのだろう。チレボン州とケドゥ州が試験栽培地区に指定され、ここの農民に蓬莱米の種子が無償で配布された。

倉沢によれば、ジャワの農民たちは蓬萊米など新品種の導入に消極的であった。しかし、「軍政当局は、耕作前にブローカーから種籾を借りて収穫後に返済するという、貧困ゆえに生まれたジャワの農民たちの慣習を利用して新品種を広めようとした。つまり、区の役場がこれらのブローカーに代わって、農民に種籾を貸し付けるよう奨励し、そこでは新品種のみが貸し付けられた」。農民たちは徐々に新品種を選択するようになったが、「選択の余地がある場合には供出用米にはできるだけ品質の悪いものをまわし、自家用米として良質のものを保持しようとした」。

つまり、ジャワでも、台湾で繰り広げられたことと同じ問題が起こっていたのである。日本の育種技術に基づいて育成された新品種は、ジャワ農民の生活習慣と衝突した。ジャワ農民が、供出米に品質の悪い米を入れたのは、まさに、日本が導入した農業技術が自民族中心主義的にふるまっていたことの証左である。

杉山龍丸と磯永吉

戦後、蓬萊米はさらにインドにも渡る。それを果たしたのは、杉山龍丸《たつまる》という人物である。

『磯永吉追想録』には、杉山龍丸の「磯永吉博士を偲ぶ」という二〇ページに及ぶ長文が掲載されている。杉山の祖父は杉山茂丸である。彼は、玄洋社の頭山満《とうやまみつる》と行動をともにした政財界の黒幕であり、台湾では児玉源太郎や後藤新平と親交を結び、台湾をアジアの農業発展の根拠地にしようと「台華社」を設立した。父は、長篇小説『ドグラ・マグラ』の作家、夢野久作（本名村山直樹。のちに名を泰道と改名）である。

さて、杉山龍丸は、一九五五年一一月、台湾で農薬工場と農機具工場を設立しようと、台湾全土の農業調査を行なうために台湾にやってきた。しかし、統計資料と実地調査の結果がどうもあわない。そこで、知人に勧められて磯永吉に相談すべく、農林庁に行く。

扉をノックすると、力強い返事が聞え、中に入ると、四坪くらいの白いペンキで塗った部屋の手前に低いテーブルと、椅子が四、五脚あり、その向うの大きな机に、窓からの逆光線でよく見えなかったが、大きな体をした立派な紳士の人が座っていた。

「杉山ですが、磯先生で。」と問うと、

「そうです、お待ちしていました。どうぞ。」

磯は、杉山龍丸の祖父、茂丸をよく知っていた。そのこともあって、磯は、杉山に「私と、私の心からの友であった末永仁技師とで、日本の台湾統治時代に、蓬莱米やその他の作物をつくったときの記録」として英文資料とそれを日本語にした資料を渡す。これは、一九五四年に、ＦＡＯ（国連食糧農業機関）日本支部が出版した『亜熱帯地方における米および作物の輪作 Rice and Crops in its Rotation in Subtropical Zones』である。第四回国際米穀委員会が東京に開催されるにあわせて出版されたものであった。ちなみに、東畑精一は『農書に歴史あり』のなかでこの書を紹介し、its を their に直すべきだと注文をつけつつ、激賞している。

その後、杉山龍丸は、監察院から出頭を命じられる。スパイ容疑をかけられたと思いこみ、銃殺か国外追放を覚悟しつつ出頭すると、監察院長の于石任《ユー・シーレン》と面会する。実は、于が一九〇五年に東京で孫文によって結成された中国革命同盟会に入ったとき、そこで杉山茂丸に世話をしてもらったが、あなたと何か関係があるのかと、杉山に問うたのである。茂丸の孫であることを于に言うと于は喜び、副総統の陳誠《チエン・チヤン》の招宴に招かれることになった。

その前夜、一人の男が杉山龍丸の家を訪れてくる。磯永吉であった。「緊張と苦渋に満ちた」磯は、杉山に、自分の仕事や耕作法、そして研究所などが国民政府によって破壊されているが、どれもがアジアの発展に役立つものであるから、どうか善処してくれるように副総統に頼んでくれ、と懇願する。それを約束すると、磯永吉は、杉山の手を握って、黙って頭を垂れる。「博士の服の膝に、涙が二三滴こぼれると、博士は、涙にぬれた顔をあげて笑われ、「いや、杉山さん、年老いて、病気をすると涙もろくなりましてねー。お恥ずかしいところを見せました」」と言ったという。

インドの蓬莱米

これ以降も、杉山と磯の親交が続く。インドの緑化運動に関わるようになっていた杉山は、ガンディーの弟子の長男であるモハン・パリックという人物を、日本に帰ったあとの磯の自宅に連れてくることもあった。杉山はインドの首相ネルーの協力依頼に対し、台湾の蓬莱米をインドに導入しようと試みたからである。ちょうどそのころ、杉山の遠縁にあたる満洲移民の指導者でかつての東京帝国大学農学部教授であった那須皓《しろし》がインド大使であったので、那須に蓬莱米の件を伝えてみた。しかし、インドは中国共産党と国交があるという理由で、なかなか相手にされなかったようだ。杉山は、ガンディーの弟子たちと農業実践を行なっていたが、飢饉がインドを襲い、五〇〇万人の餓死者が出る。杉山は意を決する。祖父や児玉源太郎の意志であった、台湾をアジアの農業センターに、という目標をもう一度取り戻すために、蔣介石に蓬莱米の種子をインドに送るよう直談判をしたのである。これ以降、杉山は六年間台湾に行けなくなったというが、結局、蔣介石は、ＦＡＯを通じて約二〇トンの蓬莱米の種子をインドに贈ったのである。

杉山がインドに渡り、蓬莱米の栽培を指導した結果、大豊作だったという。その写真を杉山は、脳軟化症が進む磯のところへ持って行き、再び、「二人で暫く泣いた」。磯永吉は、気候条件が異なるインドでは、蓬莱米にもさまざまな問題が出てくると予測したが、実際、蓬莱米の限界が見えてきたので、在来種との交配も試みられたらしい。ちょうどこのころ、インドに普及し始めた緑の革命の〈IR-8〉を、「余りに高度な農業技術と、豊かな灌漑と、豊富な肥料を要するので、インド国民の手におえない」と杉山は緑の革命を暗に批判し、蓬莱米の育てやすさを讃えつつ、この文章を終えている。ちなみに、杉山は、インドの砂漠を緑化し土壌を改良して耕地を増やす運動を推進した人物であり、インドでは「グリーン・ファーザー」と呼ばれている。

以上の杉山龍丸と磯永吉のエピソードは、磯永吉が必ずしも国民政府のやり方に満足しておらず、自分の成果が認められていないという飢餓感を持っていたこと、蓬莱米の普及には人間的なつながりも重要であったこと、そして、アジアの解放という大義名分と蓬莱米の南進や西進が深く関係していたことなど、政治史的・思想史的にもさまざまな視点を提供してくれる。

蓬莱米の東進

なお、蓬莱米は、東にもその進路を伸ばしている。渡部忠世の研究によれば、沖縄県農事試験場（一八八一年設立）の八重山支場技手の仲本賢《けん》貴《き》が、一九一五年に台湾に渡り、内地品種を持ち帰って試作し、一九二九年には〈台中六五号〉などの普及に至った。〈台中六五号〉は、一九三〇年には、西表《いりおもて》島・小浜島・波照《はて》間《る》島などにも普及し、台湾東端までおよそ七四キロメートルの与那国《よなぐに》島にも伝播し、在来種を一掃した（「八重山の稲の系譜―蓬萊米と在来稲」『南島の稲作文化―与那国島を中心に』一九八四年）。さらに、一九三六年のデータによれば、沖縄県における〈台中六五号〉の作付は、第一期作で六五％、第二期作では八五％を占めていたという（台中州立農事試験場編『米に関する主なる業績』一九三八年）。

〈陸羽一三二号〉は、在来種と拮抗しながら朝鮮や満洲で普及したが、〈台中六五号〉をはじめとする蓬萊米は、台湾や八重山列島の稲の品種地図を完全に塗り替えた。しかも、この品種改良技術は、従来、インディカ米が主流だった台湾や八重山列島を、言わば「ジャポニカ米の大東亜共栄圏」のなかに編成しなおすことに成功した。

台湾・沖縄・八重山・インドと拡がる蓬萊米の普及力は、〈陸羽一三二号〉と同様、尋常ではなかった。それゆえ、蓬萊米は、大日本帝国によるアジア諸国の軍事的な征服とは異なる次元で、杉山茂丸や孫文らが抱いた西洋文明からのアジアの解放という理念と結びついて語られやすい品種とも言えよう。こうした面から、蓬萊米は、現在でさえ、技術者の美談として話題にのぼりやすい。

しかし、台湾の水稲品種を変えたことで生まれた「妻君」の「拒絶感」は、実は何ら解決されていない。磯が開発した蓬萊米は、それが放つ強烈な魅力によって、単に、肥料依存型の農業構造のみならず、台湾の社会構造と心理構造をその両面からダイナミックに改変したのである。そして、磯自身は、蓬萊米の「力」に絶大な信頼を置き、それに頼ることで、現地農民の拒絶感や現地米のしぶとさという問題を棚上げすることができた。この棚上げの機能こそ、磯永吉とその蓬萊米が戦争の影で現地の住民のために「身命を尽くした」という描き方を拒絶せざるをえない理由である。

緑の革命が進行するインドでは、杉山龍丸がもたらした蓬萊米はもはや時代遅れの品種にすぎなかっただろう。それゆえに、農民に親しみをもって迎えられたことも想像に難くない。だが、植民地統治期においては、蓬萊米がもたらした「品種革命」は、まさしく「緑の革命」の先駆であった。磯永吉がどれほど好人物で、台湾の農村を熟知し、また権威を振り回すようなことをしなかったとしても、それは、蓬萊米の科学的征服が、日本の膨張主義と共鳴していたことを否定する事実ではない。

品種改良による統治

「緑の革命」の先駆的形態

科学技術史の一国史観を超えて

戦争と関係ない技術

前述したような事実にもかかわらず、これまで、稲の品種改良は、戦争や帝国支配と無関係であったと思われがちであった。しかも、その育種研究者たちの努力を讃《たた》えるばかりで、その実質的な社会的影響の検証は不十分であった。

たとえば、「大東亜戦争」が末期に近づいた一九四四年七月、〈農林二二号〉と〈農林一号〉の交配に成功した新潟県農業試験場の水稲育種試験地主任技師、高橋浩之も、戦後、東京大学で育種学を教える松尾高嶺に出した手紙で、技術が中立であることを前提として語っている。「毎日何回となく、水田を自分ではい回りながら、時には、めまいがして畦《あぜ》にしゃがみこんだりしたこともありましたが、自分のやっている仕事が、人を殺すことにまったく関係がないという信念によって、迷うことなく仕事に専念することができました」（酒井義昭『コシヒカリ物語』一九九七年）。高橋はスポーツ大会で腹部を蹴られ膵臓が破裂したため、徴兵されなかったのである。

ちなみに、高橋の交配した雑種第一代が、のちの〈農林一〇〇号〉、すなわち二〇〇四年産水稲の作付面積のうち三七・八％（二六年連続一位）を占める〈コシヒカリ〉を生み出すことになる。高橋は、寺尾が巻頭言を載せた号の『科学』で紹介された「温湯浸穂法」を用いているから、〈コシヒカリ〉は帝国日本が誇った最先端農業技術の申し子とも言える。しかしながら、戦後の高橋にとっても、あるいはこの言葉を紹介した『コシヒカリ物語』（日本の品種改良史の優れた入門書である）の著者や、倒伏《とうふく》しやすく〈コシヒカリ〉をひたすら食べ続ける私たちの認識にとってみても、やはり育種技術は「人を殺すこととまったく関係がない」。しかし、これは事実ではない。ここで、総力戦体制は科学も動員するから当然だ、というような還元主義的な議論は無意味であるにしても、育種技術そのものの孕《はら》む魅力は、これまで述べてきたように、主体的に帝国支配に関わっていた。

他にも農業技術の中立を主張する例として、菅洋《すげひろし》も挙げられる。菅自身、育種に関わってきた技術者だが、『稲―品種改良の系譜』（一九九八年）を著し、水稲品種改良の歴史を、民間育種を含め丹念に掘り起こしている。その菅もまた、「作物の品種改良にかけた多くの人びとの努力は、他の科学技術と違って、ほとんど戦争などの破壊に転用されることもなく、長年にわたって人類に生存の基盤を提供し続けたのである」と述べている。

ここにも、当時、日本が圧倒的な軍事力で「征服」した国・地域へのまなざしが欠落している。そこに投入された帝国日本の最先端の農業科学技術とそれが普及した現地へのまなざしである。こうした過去への視点からしか、日本の科学技術のみならず、現在世界を覆うバイオ・テクノロジー産業が社会に及ぼした影響に対する内省は生まれない。

「サーベル農政」

以上の研究とは対照的に、山元皓二《こうじ》と高木俊江の「農業技術を動かしたもの―イネの品種改良を中心に」（『技術と人間』一九七七年）という研究は、科学と権力の問題を真正面から扱っている。山元と高木は、農会の「農事巡回指導には警察官を伴っていた」という「サーベル農政」について言及し、また、一九二〇年代に小作争議が活発化してからは「強権的な農事は、次第に影をひそめていく」にしても、農会を通じての品種選択に農民の自由があったのかと問うている。

農会とは、一八九九年の農会法、一九〇〇年の農会令に基づき、農業技術・経営の指導・浸透を目的として設立された公法上の社団法人である。市町村・郡・都道府県にそれぞれ設置されたほか、帝国農会という中央組織があり、農業技術の普及も担った。そのうえで日本の近代農業技術がこう総括される。「それは農民の創意工夫を否定し、画一化を図り、農民支配の補完物としかなりえてないのではないか。農民の下僕であるべき技術が、農民の意向の手のとどかない研究機関において『科学的』研究の対象となり、その成果が下達される」(「農業技術を動かしたもの―イネの品種改良を中心に」一九七七年)。

この視点は、国家の研究機関と科学技術の関係性を考えるにあたっては、欠かすことのできないものである。しかしながら、同時代に軍事力を背景に支配された台湾・朝鮮・満洲における農民への記述は皆無であった。

発展史観

この点、植民地の品種改良を含む帝国日本の育種の歴史叙述に成功しているのは、盛永俊太郎《としたろう》の技術史的研究である。東畑精一《とうはたせいいち》が編集を担当した『日本農業発達史』の第九巻「第五篇　農学の発達」「第二章　育種の発展―稲における」がそれである。この研究は、育種学・民俗学・経済学などさまざまな先行研究を渉猟したうえで、大正デモクラシーの時代から第二次世界大戦終結までの育種学の発展を詳細に記し、北海道・朝鮮・台湾における品種技術の普及も丁寧に描いている。

しかしながら、盛永の論文には、タイトルが象徴しているように、科学技術の発展とその伝播を淡々と綴るというような発展史観が貫かれている。育種の発展とともに、市場と農村社会の関係、技術の構造、そして、そうした変化のなかで農民の心性がどう変わったかについては、ほとんど描かれていない。たしかに、育種という科学技術だけを見れば、発展を遂げていることに間違いはない。しかしながら、その発展とともに、人びとの生活や社会構造まで発展したわけではない。

硫安工業資本

水稲品種は、化学肥料資本の膨張に応じて、その耐肥性《たいひ》をさらに増していった。それは、肥料をある程度与えないと、在来品種よりも収益が悪い品種であった。稲作の現場は、こうした「優良品種」を通じて、化学工業の優良な顧客であり続けた。

無尽蔵である空中の窒素を利用した肥料生産は、ドイツで始まった。一九〇八年から、化学者のフリッツ・ハーバーとカール・ボッシュが中心となって、膨大なエネルギーを用いて空中から窒素を分離し、それを水素ガスに化合させる研究に取り組んでいた。そして、ついに、一九一三年九月、ライン河畔のオパウにアンモニア合成工場が建設されたのである。それ以降、世界各地の工業先進国には窒素肥料工業が多数設立され、硫安は、世界の窒素肥料のスタンダードになる。そのようななか、ドイツは、世界の窒素生産のトップを走り続ける。日本は、初めはドイツやイギリスなどの海外の硫安を輸入していたが、一九二〇年代から徐々に国内生産力を上昇させ、一九三四年には世界の生産の一〇・五％を占め、世界第三位の生産国になった。日本の植民地はその硫安工業の市場として熱い視線が注がれるようになる。

一九二〇年代からの交雑育種を主とする品種改良は、肥料に反応しやすい品種を作ることが重要な課題となっていく。農民からしてみれば、同じ労働力をかけるならば少しでも多収の品種を求めるのが当然の心情だ。そして、日本窒素肥料株式会社とそのコンツェルン（日窒コンツェルン）を筆頭に、大日本人造肥料株式会社・電気化学工業株式会社・東洋高圧工業株式会社・日産化学工業株式会社・昭和電工株式会社・昭和肥料株式会社・住友化学工業株式会社・三菱化成株式会社・大日本特許肥料株式会社・日東化学工業株式会社・旭化成工業株式会社・宇部興産株式会社など、硫安工業の急速な成長のなかで遂行された品種改良と、それによる劇的な農業変革は、のちに触れるように、朝鮮と台湾を包摂した日本帝国のプロジェクトとして華々しい成果を収め、一九四〇年七月二六日に第二次近衛文麿内閣がうち立てた「大東亜新秩序」建設との関連においても、いっそうの活躍の場を与えられていた。日窒コンツェルンによる朝鮮窒素肥料株式会社の設立が、電力の開発や化学肥料の生産ばかりでなく、軍事に欠かせぬ火薬の生産も兼ねていたことは、まさに化学肥料資本の膨張が軍事的な「征服」をも担っていたことの証左である。東北地方で育種された品種は、肥料に反応しやすいうえに耐冷性に優れているものが多く、朝鮮や満洲の冷涼な地帯においてもその能力を十分発揮できた。

本書の基本的立場は、品種改良の政治的および社会的影響を、高橋や菅のように無害化することでもなく、山元や高木のように政治による科学技術の独占としてとらえることでもない。あるいは、盛永のように発展史のなかに埋め込むのでもない。そうではなく、品種改良が編み出す技術的連関の網のなかで人びとが生き、生かされるという状況を記述することであった。以下に、その結論を述べていきたい。

日本植民地育種の遺産

育種技師たちの夢の果てに

山口謙三の〈富国〉、寺尾博の〈陸羽一三二号〉、石黒岩次郎の〈銀坊主〉、並河成資《なみかわしげすけ》の〈農林一号〉、磯永吉の〈台中六五号〉。これらの耐肥《たいひ》性の卓越したモダンタイプの品種は、北海道・朝鮮・満洲南部・台湾で、政治・経済・文化の日本化に多大なる貢献をなした。それを支えるのは、寺尾の「稲と大東亜共栄圏」に見るように、技術の劣る地域に、日本の優秀な育種技術を転用するという科学技術主義的な考えかたであった。

フィリピンなど「南方」の稲作地帯に日本産の品種が流入することはほとんどなかったが、寺尾たちは、「南方種」を「日本種」と混交し、新しい品種を作るプロジェクトを進めていた。一九四二年一〇月一六日付夕刊の『東京朝日新聞』には、「南方種と結ぶ強い米　寺尾博士の新品種研究実る」という記事が掲載されている。「農事試験場では場長寺尾博が二〇年前から続けた南方種の強い耐病性を日本種の多収穫性と結合させる研究が実を結んで大東亜民族の主食たる米を通した大東亜建設の構想が今や成りつ、あり」「ジャワの品種が我が亀ノ尾（中略）等と高度の和合性を示す事も判つた」。「これと平行して愛知県安城農試で外国系（＝中国系）陸稲戦捷と日本系畿内晩種の交配から一八年の研究を通じて略《ほぼ》目的にかなふ〝双葉〟を得た」。「日本は勿論、満洲国、北支をはじめ大東亜各地に黄金の穂波を打たす大本は摑めたと、寺尾博士以下研究関係者は確信してゐる」。

ここには、科学者が夢想する「大東亜共栄圏」の「科学的征服」が語られている。この「稲の大東亜共栄圏」は、南満洲地方を北端、ジャワ島を南端とするきわめて広範囲にわたるものであったが、日本内地から離れれば離れるだけ、その構想は粗略になり、しかも現実から乖離していった。

並河成資の自死

〈富国〉の山口は一九九一年、〈陸羽一三二号〉の寺尾は一九六一年、そして、〈台中六五号〉の磯は一九七二年に死んだ。〈農林一号〉の並河は、一九三七年一〇月一七日の神嘗祭《かんなめさい》の日に京都の山科で首をくって死んだ。天皇による収穫の儀式の日をあえて選んだのか、単なる偶然だったのかは知るよしもない。自殺の原因も諸説紛々である。〈農林一号〉の成功によって姫路の小麦試験地に栄転したのに芳しい成績を残せなかったために責任を感じていたという説や、神経衰弱だったという説、さらには、農事試験場のトップにいた寺尾博の執拗な論難が原因だったという説もある（大田信男「「水稲農林一号」の父―早場米の生みの親・故並河成資の半生」『農林一号と並河顕彰会』一九六三年）。いずれにせよ、当時、すでに戦争遂行国家のプロジェクトでもあった品種改良は、これほどまでの緊張と重圧を並河に与えていたのである。

育種家だった菅洋《すげひろし》は、育種技術についてこう述べる。「育種はまず経験を積み重ねることにより『勘』を身につけることだと教わった。つまり、育成途中の作物の個体を見たときに、視覚より入るその作物の形態情報を瞬時にして、自分の脳に収納されているデータベースと照合して、その個体が選抜して後に残す価値があるか、それともここで破棄するかを決める『勘』を養うことが大切だというわけである」（菅『稲―品種改良の系譜』一九九八年）。

「緑の革命」への貢献

こうして丹精を込めて育種家が育てた品種は、たしかに、もう、ほとんど栽培されていない。しかしながら、彼らの築き上げた育種技術は残り、支配システムとしての官営育種体制もますます発達したことで、「大東亜各地に黄金の穂波を打たす」という彼らの夢は承け継がれる。とりわけ重要なのは、彼らの育成した品種は、肥料に高反応であることから、化学工業と密接不可分の農業システムを生み出し、緑の革命や、モンサント社などの多国籍企業の地球規模の食支配のひな形を作り上げたことである。磯永吉がその純系分離に関わった在来種インディカ米の〈低脚烏《ていきやくう》尖《せん》〉は、一九六六年にフィリピンの国際稲研究所で交配育成され、「ミラクル・ライス」と呼ばれた〈IR-8〉の母本となった。〈低脚烏尖〉は、半矮性遺伝子という穂の長さは変えずに稲の背丈を短くする遺伝子を持つ。磯永吉は、すでに述べたように、ジャポニカ米の育種が総督府公認で勧められる以前は、在来品種の蒐集と純系淘汰を行なっていたが、このとき、将来の肥料多投農業を見越して、この品種を育成していたのであろう。

蓬萊米《ほうらいまい》だけではない。〈陸羽一三二号〉も〈銀坊主〉も、朝鮮と満洲に増収をもたらした。これらは、言わば日本帝国版「緑の革命」を担っていた。もちろん、アメリカが意識的に日本のやり方を真似ようとしたわけではない。だが、ロックフェラー財団やフォード財団の莫大な援助を受け一九六〇年代から本格的に始まる「緑の革命」は、「小帝国」日本のなかにも萌芽があったという世界史の構造の連続性を見逃してはならない。帝国日本が、内地および外地の低開発地域を開発し、内地の化学肥料産業の市場にすべく、現地の矛盾を棚上げし、目に見えるかたちで成果を残す魅力的な品種改良技術を統治の先遣隊として用いた構造は、アメリカが冷戦のなかで世界の低開発地域の共産主義化を防ぐために「緑の革命」を用いた構造と、規模こそ異なるが類似している。アメリカの肥料・農薬・機械などの農業関連産業が、アジア・アフリカ・ラテンアメリカにその市場を開発するためには、有無を言わさずその商品を購入させる品種改良技術は、非常に都合がよい科学技術だからである。

水稲品種〈農林一号〉を奥羽試験地で交配し並河に送った稲塚権次郎は、のちに小麦育種に移って〈小麦農林一〇号〉を育成したが、これは、すでに述べたように、一九五六年のメキシコの国際農業研究機関トウモロコシ・小麦改良センターにおいて、小麦の「緑の革命」を担った〈ソノラ〉の材料とされた品種であった。この〈小麦農林一〇号〉を国外に持ち出したのは、アメリカの農務省天然資源局の育種家、S・C・サーモンである。連合国軍総司令部の農業顧問として日本に訪れた際、彼に課された任務は、日本の小麦研究について調査し、日本の作物の遺伝資源をアメリカに持ち帰ることであった。そして、その遺伝資源のなかに、〈小麦農林一号〉が含まれていたのである（大田正次「コムギ」『品種改良の世界史』作物編、二〇一〇年）。〈ソノラ〉の育種者であるノーマン・ボーローグは、一九八一年、日本育種学会に招かれて稲塚と会い、演説では稲塚をはじめとする日本育種学の水準の高さを褒《ほ》め称《たた》えている。また、磯永吉の〈低脚烏尖〉を〈IR-8〉の親とし

図17　日本育種学会のパーティで対面した稲塚権次郎とボーローグ

て育成したヘンリー・M・ビーチェルには、日本国際賞が送られている。ビーチェルも、稲塚も、並河成資がそうであったように、稲と小麦両方の育種研究を行なった。水稲育種と小麦育種は手法が類似している。

この〈IR-8〉を父本にした〈統一〉が、朴正熙《パク・チョンヒ》時代の韓国の「緑の革命」を担ったことはすでに述べたとおりである。また、戦後の中国東北地方でも、満鉄農事試験場の開発した〈弥栄〉〈興国〉〈国主〉などが「良種」として積極的に普及が進められていたし、一九七〇年代に入って、〈富国〉を母本として育成された〈合江一一号〉が優良品種として紹介されたり、〈石狩赤毛〉や〈青森五号〉なども、人工交配の親として用いられたりしていた（湯川真樹江「満洲における米作の展開　一九一三―一九四五」『史学』第八〇巻第四号、二〇一一年）。さらには、戦前、岩手県農事試験場遠野農事試験地で〈農林一号〉と〈庄内早稲〉を交雑させ育成された品種〈遠野二号〉は、その耐肥性および耐冷性から、〈元子二号〉と名前を変えて、中国東北地方で普及していたという研究もある（李海訓「中国東北地方における寒冷地稲作の展開過程」『第一一回日中韓農業史学会国際大会　東アジアにおける欧米農学の受容と農業発展の課題』二〇一一年）。帝国日本の品種改良から「緑の革命」へという系譜は、種子を通じても確実につながっている。ここに育種技師の寺尾が

「大東亜共栄圏」に見た夢は、形と場所と担い手を変えて実現したのである。

支配構造と品種

品種改良と統治の問題を考えてみると、品種改良が人工交配という技術を発明し、その基盤が固まったのは、ちょうど大正デモクラシーの時期と重なることに着目せねばならないだろう。ここでは詳しく触れなかったが、朝鮮と台湾では、育種事業の活性化は、武断政治から文化政治という支配構造の変化にも対応していた。このころ、日本では、地主の力が弱まり、生産の現場から離れて寄生化していくなかで、国家が直接小農を保護育成していく政策へと転換が進んでいた。それに対応するかたちで、国家主導の品種改良は着々と成果を積み重ねていた。〈富国〉や〈陸羽一三二号〉は、地主が寄生化し、小作と地主の対立が厳しくなるなかで、こうした社会的緊張関係を飛び越えて、農民を市場と肥料工場に結びつけ、当面の困難を部分的にではあれ乗り越える役割を果たした。朝鮮と台湾においても、植民地の圧政に直接加担することなく米の生産者全体を技術によって絡め取った。ここにも「科学的征服」のダイナミズムの一端が垣間見えるのである。

横山敏男は、品種改良こそ満洲国農業の最も重視すべきことだ、と述べた。もちろん、横山は、満洲水稲作の問題は民族問題に帰すると信じていた。それだけにいっそう、「鮮農」を困窮から脱出させるために、優良種子だけは暴力を使っても良いから普及すべきだと主張せざるをえなかった。この時期、技術に、とりわけ育種技術に頼るのはある意味では仕方がなかったとも言えるだろう。物資も労働力も極度に欠乏しているなかで、ただ育種だけは、ちょうど〈コシヒカリ〉の交配が一九四四年七月に行なわれたように、施設と技術と作物さえあれば進めることができた。ただ、育種技術が社会の矛盾を温存して人間と空間を人間の生活実感を通して支配するこのシステムは、警察権力や軍事力で人間を支配するよりもいっそう持続的で摩擦が少なく、それだけに、かえってとてつもなく厄介な統治システムでもある。

日本のエコロジカル・インペリアリズム――エピローグ

本書を閉じるにあたり、こうしたシステムを一言で表す概念として、私は、エコロジカル・インペリアリズム（生態学的帝国主義）という言葉を用いたい。

クロスビーの問題提起

これは、アメリカの歴史学者アルフレッド・W・クロスビーの概念である。ある国際学会で本書の内容の発表をした際に、科学史研究者や環境史研究者から、クロスビーの『エコロジカル・インペリアリズム』（一九八六年）を想起させるものだという指摘があったからである。この本は、日本では『ヨーロッパ帝国主義の謎』というタイトルで一九九八年に出版されたが、その原題である「エコロジカル・インペリアリズム」という概念がはらんでいた問題を日本史のなかで生かす試みは、これまで残念ながら果たされておらず、実は私も指摘を受けるまで未読であった。また、発表のあと、イギリス・アメリカ・韓国・台湾・日本の環境史研究者や科学史研究者と議論するなかで、本書の議論をもう少し大きな世界史の枠組みに位置づけるという構想が浮上した。

クロスビーは『エコロジカル・インペリアリズム』のなかで、ヨーロッパの大国が、南北アメリカ大陸・オーストラリア・ニュージーランドなどの「ネオ・ヨーロッパ」で原住民を征服し、麦類や家畜などを生産する食糧基地に変えていく過程で、雑草・病原菌・家畜などの人間以外の生物がどのような役割を果たしたのかを論じている。ヨーロッパから持ち込まれたこれらの生物やその種子は、征服者たちの意図や予想とは無関係に征服地の生態環境を変化させ、破壊し、それが、征服に力を貸していく。マスケット銃やライフル銃などの火器だけではなく、天然痘やオオバコやネズミも関わる征服の様相を、クロスビーは鳥瞰図のような叙述で明らかにした。こうした過程を題名の「エコロジカル・インペリアリズム」という言葉に込めたのである。

ただ、クロスビーの「エコロジカル・インペリアリズム」の分析は九〇〇年から一九〇〇年までであり、とりわけ、大航海時代以降の西洋の帝国主義を扱っている。私たちが

「帝国主義」と聞いてイメージするような、二〇世紀に華々しく展開する資本主義の発展段階としての「帝国主義」については論じていない。ここでも、ひとまず、大航海時代以降のヨーロッパの国の植民地獲得のあり方を帝国主義と呼ぶとしよう。だが、それでも、クロスビーの議論を、そのまま帝国日本の水稲の品種改良に当てはめることはできない。日本は、スペイン・ポルトガル、あるいはイギリスほどの大きな帝国を築いたわけではなく、比較的生態系が似通《にかよ》った地域にその支配の手を伸ばしていったからである。もちろん、樺太と台湾では気象条件はまったく異なる。しかし、たとえば、スペインが南アメリカを制圧したとき、あるいは、イギリスがオーストラリアの植民を行なったときの生態学的なコンタクトゾーンのダイナミズムは、雑草・病原菌・家畜のどれをとっても、「小帝国」日本とは比べものにならないだろう。

偶然性から必然性へ

さらに、帝国日本が近隣の国々に「帝国」を形成していく時代は、むしろ、科学に基づいた人為的な生態学の改変が導入され始めた時代であった。偶然性は排除され、必然性が王座を占める。農業史の文脈で言えば、やはり、遺伝学が果たした有用な植物および動物の品種改良のインパクトは圧倒的だったと言わざるをえない。異世界の種子が服に附着したまま海を渡り新世界に根を張るのではなく、国家によって管理された新しい種子が、為政者の意図と計画に基づいて植民地の生態系を変化させていくことが主要な現象であった日本の帝国支配に、偶然性を強調しがちで、環境決定論的ニュアンスの強いクロスビーの議論をそのまま応用することはやはり危険である。しかも、導入されたのは「品種」であり、生物分類学的には同じ種として分類される。種のなかの微妙な差異を利用して、現地の農業を急速に変えていく試みは、遺伝学の発展によってのみ可能であった。

クロスビーは、「ヨーロッパ帝国主義」の起源、より詳細には、なぜ、地球上にはヨーロッパ人がこんなにも拡散し居住しているのかを明らかにするために、エコロジカル・インペリアリズムという言葉を用いた。それゆえ、彼が、一九〇〇年で叙述を終えることはむしろ自然なのかもしれない。だが、科学時代の帝国主義を論じることで、クロスビーの問題提起はもっと広く深い意味を持つのではないか。二〇世紀初頭にヨーロッパ列強の植民地分割が飽和状態になり、それが第一次世界大戦をもたらしたが、戦後の生態系を通じた帝国統治の構造は、今度は、後発の帝国であった日本によって、メンデルの法則に基づいた品種改良という最先端の技術を用いて、大々的に展開された。これは、遺伝学の導入によって、エコロジカル・インペリアリズムがまったく新しい段階に突入したことを意味する。その日本の帝国主義を第二次世界大戦で打ち砕いたアメリカが、その日本の植民地育種の遺産を一つの土台として、途上国の飢餓を救済する緑の革命を演出し、遺伝子組み換え技術を用いた多国籍バイオ企業の意図的な生態学的世界支配を担うようになった、という歴史は、七三一部隊の生体実験のデータがアメリカに流れたのと同様に、「ヨーロッパ帝国主義」の例外ではなく、その帰結として見るべきだろう。

品種改良と優生思想

ちなみに、新しいエコロジカル・インペリアリズムを担った遺伝学は、もちろん、作物の品種改良だけに応用される科学ではなかった。一九四一年一月二六日付夕刊の『東京朝日新聞』に、「生活科学問答　遺伝と優生の巻④　生かせ『優生手術』結婚にも科学的判断が肝要」という記事が掲載された。質問者は、自由学園教授の羽仁説子、答えるのは、一九四〇年五月一日施行の「国民優生法」成立に尽力した厚生科学研究所教授の川上理一である。奇妙なことに、ここに、寺尾博の名前が挙がっている。

問　メンデルにしても植物によつて大法則を発見し、それがまた人間の遺伝の法則であつたわけですね。

答　植物の育種学はほとんど遺伝学の原理を応用したものです（◦）稲は元来寒い所

を嫌ふ植物なんですが、寺尾博士の研究によつて東北地方の冷害に耐へうる品種を作りだすことに成功しました。

人間も生物である以上こんな風に遺伝法則を応用して優秀な人物をつくり出すことも不可能ではないと思ひます。

この小さな問答からも明らかなように、遺伝学の枠組みのなかでは、断種などを用いた「淘汰」も品種改良の一つにすぎない。だとすれば、〈富国〉に多収の夢を見て肥料を投じた永山の農民にせよ、札束で妻の頬を叩いた台湾の農民にせよ、自分たちの預かり知らぬところでもっと大きな科学の体系に絡め取られていたことになる。この意味においても「稲も亦《また》大和民族なり」という寺尾の比喩は、決して単なる比喩ではない。「稲」も「大和民族」も、遺伝学の視点からすれば、品種だからである。

この遺伝学の発展を背景に、支配地の、植物・動物・人間の「改良」が行なわれていく事態を含めたうえで、クロスビーのエコロジカル・インペリアリズムの概念を再構築する必要があるだろう。近代以前の「帝国」形成過程のなかではかなりの部分を偶然性に支配されてきたエコロジカル・インペリアリズムは、しかし、植民地の空間的分割競争が激しくなる一九世紀末から二〇世紀前半の時期にメンデルの法則が再発見されることで、より意図的にかつ能動的になっていく。第一次世界大戦後に、各列強の食糧政策が保護主義的色彩を帯びるようになると、資源が乏しく、植民地も相対的に小さい後発工業国であった日本は、育種技術を農業生産の要《かなめ》の一つに据えていく。それは、狭義の植民地ではないにせよ、日本の工業地帯の周縁であった北海道や東北地方の開発を皮切りに、台湾・朝鮮・満洲にまで及んだ。クロスビーの議論では見落としがちな人為的・能動的・計画的な性格が前面に出てくる。

市場万能主義と遺伝子操作

すでに述べてきたように、エコロジカル・インペリアリズムは、第二次世界大戦後の植民地の独立以後も、遺伝資源を独占する大規模な多国籍種子企業によって担われ続けている。アジア・アフリカ各国が宗主国から独立を果たし、実質的な植民地の時代が終わったあとでさえ、「支配」が完全に消えていないということは、ポストコロニアリズム論などでこれまで繰り返し論じられてきたが、この支配のエコロジカル・インペリアリズムは、近年ますます肥大化する一方である。しかも、それは、保護貿易から自由貿易へと国際経済の基調が変化していく一九八〇年代以降も、次第に強くなってきている。この時期、育種目標が肥料耐性から除草剤耐性へ、担い手も国内外の公的機関から民間機関へと移行しているが、本質的な支配構造は変わらない。実のところ、遺伝子を通じた食糧生産支配は、政府の市場への介入を極限にまで排除する自由主義と相性がよい。自由貿易のなかでも、遺伝子操作によって他国の農業生産構造への介入が可能だからこそ、市場万能主義を喧伝できるのである。

旧来の帝国も、植民地の生物資源を確保し収奪するという意味で生態学的な植民地統治を行なっていた。だが、冷戦期のアメリカが自由貿易主義とセットで全面的に展開し始め、さらに発展しつつあるエコロジカル・インペリアリズムが、クロスビー的なエコロジカル・インペリアリズムと異なるのは、人間と人間以外の生物双方への「統治」を可能にする「遺伝子操作」という方法が用いられていることである。それは、植物の種子と動物の生殖と人間の医薬品を通じてなされうる。ただ、当時も現在も、人間の遺伝子を操作することと、動植物の遺伝子を操作することを有機的に結びつけて統治システムを構築する段階には至っていない。二一世紀の帝国主義が、国家の枠を超えて、遺伝子操作技術をはじめとするバイオ・テクノロジーによって人間と人間以外の生物を同時に支配するという、新しい段階に突入することは間近に迫っているように思われる。医薬品産業と種子産業はしばしば同一の企業に担われている。古い時代の偶然が新しい時代に必然になることで、歴史は進展してきたからである。

厄介なことに、エコロジカル・インペリアリズムは、旧来の植民地統治よりもいわば人当たりがよく、意識されづらい。スペインやポルトガルなどの帝国は、植民地を、生態学的のみならず、社会的にも、政治的にも大きく変え、それはしばしば壮絶な環境および人間の破壊を伴った。しかし、一九世紀から二〇世紀の帝国には、「小帝国」日本も含め、すさまじい破壊行為とともに、生態学的な「管理」の側面も現れた。二〇世紀後半の覇権国家アメリカは、その遺産を継承しつつ、植民地を直接統治するというコストを避け、そのかわりに、世界各地に軍事基地を置くばかりでなく、遺伝学を用いた生態学的な管理を前面に押し出している。

救済と征服

この意味で、帝国主義は、現象としてつねに生態学的でもあったのである。ただ、二〇世紀に入ってその質が変わったにすぎない。この意味で、プロローグで引用した『東京朝日新聞』の記事の「政府の頭が単なる救済から科学的征服へと転向した」という表現は、きわめて示唆に富む。つまり、品種改良の発展は、被災者たちの「救済」に置き換わるに足りうる存在だ、ということである。ちなみに、一九四四年二月十八日付の『朝日新聞』朝刊が寺尾博の学士院賞授賞を報じたとき、「〝米の東北〟の救世主的存在として寺尾博士はあまりにも有名だ」と述べていた。科学は自然の猛威を克服し人々に安寧と秩序をもたらす、という一般的な科学認識が、ここで忠実に体現されている。稲の細胞核に収められている遺伝情報を変異させるという科学的行為は、単に、生物学的な変化をもたらすだけではなく、これまでの社会的文脈を抜きにして、現実の困難を一挙に変える力を持つ。そのすさまじいエネルギーを「征服」や「革命」という言葉で表してみたくなるほど、品種改良がもたらす物質的および精神的変化は、生態系から人間社会に至るまでを包括するような、きわめてダイナミックな変化になりうる。しかもそれは、被支配者である生活者の願望と密接な関係を結びつつ、徐々に拡がっていく。こうした変化は、もちろん、企業の用語では市場開拓である。化学肥料に高い反応力を示す種子を播《ま》いたばかりに、大企業から化学肥料を定期的に購入せざるをえない農民たちは、「自由競争」のなかであっても、企業にとって都合の良い顧客となる。その企業の欲望を覆いかくすためにも、緑の革命は、赤の革命、つまり社会主義に対抗する「革命」を装う必要があった。ここに、植民地時代のあとの「支配」の妙味がある。

一九四一年六月六日、『読売新聞』の「好日随想」というコーナーに、寺尾博の短いエッセイが掲載された。肩書きは、「農事試験場長・農博」、タイトルは「感銘する言葉」である。ここで挙げられたのは、イギリスの法律家バークンヘッド伯爵E・F・スミスの次の言葉である。「科学研究の結果は国の富を支配するのみならず、人々の信念を支配する」。寺尾はこう解釈している。「百年後の民族は」「科学研究の結果によって断乎たる信念を持つに至る」。寺尾の予言は、現時点も進行中である。地球上の農地は、均質な遺伝情報で満たされつつある。しかし、まだ地球には、「断固たる信念」を持つことを躊躇させるような科学技術の事故や事件があとを絶たない。農薬の進化とともに、害虫も進化し続けているし、モンサント警察は、風や人間に運ばれて拡散しようとする種子を躍起になって追跡しようとしている。そして、そのような「科学的征服」の綻《ほころ》びにこそ、種を播く人が種を選ぶ自由を奪還する根拠が存在するのである。

あとがき

あの〈富国〉を開発した上川農事試験場は、戦後、上川農業試験場と改名した。そこには青い屋根の平屋の職員宿舎が併設されており、春になるとタンポポ畑が広がる。すぐ近くに永山神社があり、子どもたちの遊び場であったという。

私は、この職員宿舎で生まれ、二歳まで育った。二歳から、父親が島根県の農業試験場に移ることになり、島根へ引っ越した。もちろん、上川農業試験場の記憶はなく、タンポポ畑で遊ぶ私の写真が残されているにすぎない。だが、島根に移っても「シケンジョー」はいつも身近な場所であった。このご縁もあって、現在は上川郡比布町にある上川農業試験場を訪問したり、所蔵されている『むーべる』の記事のPDFファイルを送っていただいたりした。ファイルを作成して下さった二《に》門《かど》世《ひろし》さんに、心よりお礼申し上げたい。

本書は、池田浩士編『大東亜共栄圏の文化建設』（人文書院、二〇〇七年）掲載の拙論

「稲も亦大和民族なり——水稲品種の「共栄圏」」を基礎に、その三年後に執筆した論文 *Japanese Rice Varieties in Colonial Korea: from the View of Nagai Isaburo*, The Social Sciences (Institute for the Study of Humanities & Social Sciences, DOSHISHA UNIVERSITY), vol. 40, no. 30, 2010, pp. 81-93. を組みこみながら、全面的に書き改めたものである。このことを、編者の池田浩士さんと人文書院の伊藤桃子さんから、ご快諾いただいた。

本書の成立過程には、多くの海外研究者が関わっている。二〇〇八年以降、敬遠していた国際学会に立て続けに出席した。それは、瀬戸口明久さんが生物学の歴史、哲学、社会科学に関する国際学会（ＩＳＨＰＳＳＢ）のセッション「植民地帝国大学における生物学」のパネラーの一人に私を据えたことから始まる（二〇〇八年十一月七日）。ここでいっしょに発表した朝鮮科学史の文晩龍さんと、日本科学史のリサ・オナガさんとの交流から、さまざまな海外の研究者と知り合うことができた。それから一年も経たないうちに、韓国全州での日中韓国際農業史学会で「民間育種から官営育種へ」という報告をしたとき（二〇〇九年九月十七日）、再会した文さんは、シンガポールで開催された国際アジア歴史家会議（ＩＡＨＡ）の朝鮮の科学史をテーマにしたパネルに私を誘った（二〇一〇年六月二十五日）。そのパネラーであった金兌豪さんは戦後韓国の「緑の革命」の専門家であり、品種改良をめぐってたくさん議論ができた。また、ＩＳＨＰＳＳＢの発表原稿を読んでメールをくださったジョナサン・ハーウッド氏は、ドイツの農業技術史を専門とするマンチェスター大学の名誉教授である。「なぜ、緑の革命は日本の経験を学ばなかったのか」という彼のコメントは、本書執筆の大きな励みになった。

国内でも、『大東亜共栄圏の文化建設』所収の論文に対し、本当に多くの方から反響をいただいた。植民地期台湾の先住民の研究をされている北村嘉恵さん（先住民の食生活についてご教示いただいた）は、日本台湾学会第十二回学術大会の「札幌農学校・北海道帝国大学と植民地台湾」というセッションで逸見勝亮、飯島渉の各先生と発表する機会を与えてくださった（二〇一〇年五月二十九日）。飯島渉先生からは、折にふれて、励ましの言葉をいただいた。原宗子先生は、本研究に役立つようにと、流通経済大学に所蔵されている、戦前に中国で活躍した農業技師の渡辺信夫に関する史料を見せて下さった。

私が所属する農業史研究室の松本武祝さんからは、朝鮮農業史について多くを学ぶことができた。農業史研究室のゼミに参加した湯川真樹江さんと李海訓さんは、お二人とも中国東北部の品種改良の研究に携わっており、たびたび意見交換することができた。

なお、小関隆さんには、論文「稲も亦大和民族なり」の執筆段階で、農業史研究室ＯＢ

の小島庸平さんには本書の草稿の段階で全文に目を通していただいた。台湾の水利事業や度量衡さらには、台湾農民の経済意識についてご教示いただいた台湾経済史の河原林直人さんにも感謝申し上げたい。本研究はまた、二〇一〇年度〜二〇一三年度日本学術振興会科学研究補助金の助成を受けたことを記しておく。

吉川弘文館の伊藤俊之さんは、原稿完成まで四年間待っていただいたうえに、数々のわがままを聞き入れていただいた。心からお礼申し上げたい。

人間が種子とその育成技術を選ぶのではなく、種子が人間と技術を選ぶ構造は、いまなお変わっていない。本書は、この構造についておよそ八年かけて調べた成果報告である。テーマの重さに比して誠にささやかな成果ではあるが、種子の一極集中に対して抵抗を続ける人びとに、本書の言葉が一つでも多く届くことを祈りつつ、筆を擱きたい。

二〇一二年六月

藤　原　辰　史

参考文献

天笠啓祐『世界食料戦争』緑風出版、二〇〇四年
飯沼二郎「朝鮮総督府の農業技術」飯沼二郎・姜在彦編『近代朝鮮の社会と思想』未来社、一九八一年
磯　永吉「台湾産米改良事業史概説」『第二十五周年記念論文集』大日本米穀会、一九三一年
磯　永吉「第十九回米穀大会後十箇年間に於ける蓬莱米の発達に就いて」『台湾農事報』三四九号、一九三五年
磯　永吉『増補蓬莱米談話』雨読会、一九六五年
板谷英生『東北農村記』大同印書館、一九四二年
猪俣津南雄『踏査報告窮乏の農村』改造社、一九三四年
岩崎正弥「悲しみの米食共同体」池上甲一・岩崎正弥・原山浩介・藤原辰史編『食の共同体—動員から連帯へ』ナカニシヤ出版、二〇〇八年
鵜飼保雄『植物育種学—交雑から遺伝子組換えまで』東京大学出版会、二〇〇三年
黄　昭　堂『台湾総督府』教育社、一九八一年
大内　力『農業史』東洋経済新報社、一九六〇年
大田信男「「水稲農林一号」の父—早場米の生みの親・故並河成資の半生」並河顕彰会編『農林一号と並河顕彰会』一九六三年

大田正次「コムギ」鵜飼保雄・大澤良編著『品種改良の世界史』作物編、悠書館、二〇一〇年
大豆生田稔『近代日本の食糧政策―対外依存米穀供給構造の変容』ミネルヴァ書房、一九九三年
大豆生田稔『お米と食の近代史』（『歴史文化ライブラリー』二二五）、吉川弘文館、二〇〇七年
落合秀男「朝鮮総督府農試西鮮支場長『高橋昇』」農林省熱帯農林研究センター編『旧朝鮮における日本農業試験研究の成果』農林統計協会、一九七六年
加藤茂苞「元勧業模範場の改名と農事指導に対する用意」『朝鮮農会報』第四号第八巻、一九三〇年
河合和男『朝鮮における産米増殖計画』未来社、一九八六年
川口四郎・川口愛子・磯百合子編『磯永吉追想録』一九七四年
河田　宏『朝鮮全土を歩いた日本人―農学者・高橋昇の生涯』日本評論社、二〇〇七年
川野重任『台湾米穀経済論』有斐閣、一九四一年
川村　湊『満洲崩壊―「大東亜文学」と作家たち』文芸春秋、一九九七年
菊池信一「石鳥谷肥料相談所の思ひ出」草野心平編『宮沢賢治研究』I、筑摩書房、一九八一年
倉沢愛子『日本占領下のジャワ農村の変容』草思社、一九九二年
クロスビー、アルフレッド・W（佐々木昭夫訳）『ヨーロッパ帝国主義の謎―エコロジーから見た一〇～二〇世紀』岩波書店、一九九八年
近藤康男編『硫安―日本資本主義と肥料工業』日本評論社、一九五〇年
酒井義昭『コシヒカリ物語―日本一うまい米の誕生』（『中公新書』一三六二）、中央公論社、一九九七年

坂口　誠「戦間期日本の硫安市場と流通ルート―三井物産・三菱商事・全購連を中心に」『立教経済学研究』第五九巻第二号、二〇〇五年
崎浦誠治『稲品種改良の経済分析』養賢堂、一九八四年
佐々木多喜雄『北のイネ品種改良―昭和前半抄記』北海道出版企画センター、二〇〇三年
佐藤弥太右エ門「水稲の品種改良に就て」『山形県農会報』二三巻、一九三九年
沢田徳蔵『米の消費地の研究と米の品種論』創元社、一九三九年
シヴァ、ヴァンダナ（浜谷喜美子訳）『緑の革命とその暴力』日本経済評論社、一九九七年
ジョージ、スーザン（小南祐一郎・谷口真里子訳）『なぜ、世界の半分が飢えるのか―食糧危機の構造』（『朝日選書』二五七）、朝日新聞社、一九八四年
白戸一士・井上弘明・藤井秀昭「稲作の発展と永井威三郎博士―生誕一二〇年　フラボン研究から稲作研究への総集」『博物館報』第一六号、二〇〇六年
末永　仁『台湾米作譚』台中州立農事試験場、一九三八年
杉山龍丸「磯永吉博士を偲ぶ」川口四郎・川口愛子・磯百合子編『磯永吉追想録』一九七四年
杉山龍丸『砂漠緑化に挑む』葦書房、一九八四年
杉山満丸『グリーン・ファーザー―インドの砂漠を緑にかえた日本人・杉山龍丸の軌跡』ひくまの出版、二〇〇一年
菅　洋『稲―品種改良の系譜』（『ものと人間の文化史』八六）、法政大学出版局、一九九八年
須田文明「フランスにおける作物育種研究の展開―生物多様性の分散的管理のために」『総合政策』（岩

手県立大学総合政策学会）第一〇巻第二号、二〇〇九年
千田　篤『世界の食糧危機を救った男―稲塚権次郎の生涯』家の光協会、一九九六年
台中州立農事試験場編『米に関する主なる業績』一九三八年
高橋　昇（飯沼二郎・高橋甲四郎・宮嶋博史編）『朝鮮半島の農法と農民』未来社、一九九八年
朝鮮総督府編『朝鮮産米増殖計画要綱』一九二六年
朝鮮総督府農事試験場「朝鮮に於ける水稲陸羽一三二号栽培状況」『朝鮮総督府農事試験場彙報』第六巻第三号、一九三二年
朝鮮総督府農林局編『朝鮮米穀要覧』一九四〇年
朝鮮総督府農林局編『朝鮮の農業』一九四一年
筑波常治『日本農業技術史』地人書館、一九五九年
堤　和幸「一九一〇年代台湾の米種改良事業と末永仁」『東洋史報』一二号、二〇〇六年
寺尾　博「冷害防止の科学的対策」『農業』第六五二号、一九三五年
寺尾　博『農作の理法（昭和十一年七月十一日秋田県由利郡農会品種改良感謝祭記念講演）』一九三六年
寺尾　博「稲と大東亜共栄圏」『科学』第一二巻第一一号、岩波書店、一九四二年
東畑精一『増訂日本農業の展開過程』岩波書店、一九三六年
東畑精一『日本農業の課題』岩波書店、一九四一年
東畑精一『農書に歴史あり』家の光協会、一九七三年

飛田三郎「肥料設計と羅須地人協会」草野心平編『宮沢賢治研究』Ⅱ、筑摩書房、一九八一年
富木友治「東洋のファーブル・仁部富之助」仁部富之助『野の鳥の生態』一、大修館書店、一九七九年
鳥越勝次・鵜川須亭雄「農家が蓬莱米を消費せざる理由及び蓬莱米丸糯を栽培せざる理由に関する調査」『台湾農事報』三二六号、一九三三年
永井威三郎・高崎達蔵「農村部落及農家経営状態に関する調査研究」『朝鮮総督府農事試験場彙報』第七巻第三号、一九三四年
永井威三郎『日本稲作講義』養賢堂、一九二六年
永井威三郎『米と食糧』羽田書店、一九四一年
永井威三郎『随筆水陰草』桜井書店、一九四二年
永井威三郎『日本の米』大日本雄弁会講談社、一九四三年
永井威三郎『随筆野菜籠』天然社、一九四六年
永井威三郎『米の歴史』(『日本歴史新書』)、至文堂、一九五九年
永井威三郎『笠鞋記』星書房、一九六五年
永井威三郎「先覚をかたる＝加藤茂苞先生と稲」『農業及び園芸』第四一巻第六号、一九六六年
並河顕彰会編『農林一号と並河顕彰会』一九六三年
西尾敏彦『農業技術を創った人たち』Ⅰ・Ⅱ、家の光協会、一九九八・二〇〇三年
仁部富之助『野の鳥の生態』一～五、大修館書店、一九七九年
農林局農務課編『農事試験場概況調』一九三七年

農林省熱帯農業研究センター編『旧朝鮮における日本の農業試験研究の成果』農林統計協会、一九七六年
久野秀二『アグリビジネスと遺伝子組換え作物—政治経済学アプローチ』日本経済評論社、二〇〇二年
久野秀二「GMOをめぐるポリティクス」池上甲一・原山浩介編『食と農のいま』ナカニシヤ出版、二〇一一年
菱本長次『朝鮮米の研究』千倉書房、一九三八年
広重　徹『科学の社会史』上・下（『岩波現代文庫』）、岩波書店、二〇〇二・二〇〇三年（初版『科学の社会史—近代日本の科学体制』中央公論社、一九七三年）
藤原辰史「稲も亦大和民族なり—水稲品種の「共栄圏」」池田浩士編『大東亜共栄圏の文化建設』人文書院、二〇〇七年
藤原辰史『カブラの冬—第一次世界大戦期ドイツの飢饉と民衆』人文書院、二〇一一年
許　粹　列（保坂祐二訳）『植民地朝鮮の開発と民衆—植民地近代化論、収奪論の超克』明石書店、二〇〇八年
北海道立上川農業試験場編『北海道立上川農業試験場百年史』一九八六年
松永伍一編『近代民衆の記録』1農民、新人物往来社、一九七二年
丸山義二「並河成資」谷川健一・鶴見俊輔・村上一郎編『ドキュメント日本人』2悲劇の先駆者、学芸書林、一九六九年
南満州鉄道株式会社編『南満洲鉄道株式会社農事試験場要覧』一九一九年

守田志郎『米の百年』御茶の水書房、一九六六年
盛永俊太郎「育種の発展—稲における」農業発達史調査会編『日本農業発達史』九、農林省農業総合研究所、一九五六年
山口謙三「上川支場で育成した二〜三の水稲品種の思い出」『むーべる』七号、一九七七年
山元皓二・高木俊江「農業技術を動かしたもの—イネの品種改良を中心に」『技術と人間』技術と人間社、一九七七年
山本文二郎『こめの履歴書—品種改良に賭けた人々』家の光協会、一九八六年
山本菜穂子「台湾に渡った北大農学部卒業生たち」『北海道大学大学文書館年報』第六号、二〇一一年
山本有造『「大東亜共栄圏」経済史研究』名古屋大学出版会、二〇一一年
湯川真樹江「満洲における米作の展開　一九一三—一九四五—満鉄農事試験場の業務とその変遷」『史学』第八〇巻第四号、二〇一一年
横山敏男『満洲水稲作の研究』河出書房、一九四五年
李　海　訓「中国東北地方における寒冷地稲作の展開過程—一九四〇年〜一九五〇年代を中心に」『第一一回日中韓農業史学会国際大会　東アジアにおける欧米農学の受容と農業発展の課題』日本農業史学会、二〇一一年
林　炳　潤『植民地における商業的農業の展開』東京大学出版会、一九七一年
渡部忠世「八重山の稲の系譜—蓬莱米と在来稲」渡部忠世・生田滋編『南島の稲作文化—与那国島を中心に』法政大学出版局、一九八四年

渡辺兵力『農業技術論』竜渓書舎、一九七六年

Harwood, Jonathan, The Fate of Peasant-Friendly Plant Breeding, “*Historical Studies in the Natural Science*”, Vol. 40, Number 4, 2010.

Kim Young Jin / Lee Kil Seob, Introduction of western agricultural science and technologies to Korea in enlightenment period（1876–1910）, “Reevaluating Traditional Agriculture in East-Asia : Technology and Institution”（The 9th International Conference of the East-Asian Agrucultural Histroy）, 2009.

Kim Tae-Ho, New Rice for Unification and Independence : “Tongil” Rice and South Korean Agronomy in the 1970s（Paper at the Society for the History of Technology meeting in Lisbon in 2008）, 2008.

著者紹介

一九七六年、北海道に生まれ、島根県で育つ
一九九九年、京都大学総合人間学部卒業
二〇〇二年、京都大学大学院人間・環境学研究科中途退学
京都大学人文科学研究所助手、東京大学農学生命科学研究科講師を経て、
現在、京都大学人文科学研究所教授、博士（人間・環境学）

主要著書
『決定版　ナチスのキッチン―「食べること」の環境史―』（共和国、二〇一六年）
『トラクターの世界史―人類の歴史を変えた「鉄の馬」たち―』（中公新書、二〇一七年）
『給食の歴史』（岩波新書、二〇一八年）
『分解の哲学―腐敗と発酵をめぐる思考―』（青土社、二〇一九年）
『農の原理の史的研究―「農学栄えて農業亡ぶ」再考―』（創元社、二〇二一年）

歴史文化ライブラリー
352

稲の大東亜共栄圏

帝国日本の〈緑の革命〉

二〇一二年（平成二十四）九月一日　第一刷発行
二〇二五年（令和　七　）八月二十日　第三刷発行

著　者　藤《ふじ》原《はら》辰《たつ》史《し》
発行者　吉川道郎
発行所　株式会社　吉川弘文館
東京都文京区本郷七丁目二番八号
郵便番号一一三―〇〇三三
電話〇三―三八一三―九一五一〈代表〉
振替口座〇〇一〇〇―五―二四四
https://www.yoshikawa-k.co.jp/
印刷＝株式会社　平文社
製本＝ナショナル製本協同組合
装幀＝清水良洋・渡邉雄哉

ISBN978-4-642-05752-3

歴史文化ライブラリー

1996.10

刊行のことば

現今の日本および国際社会は、さまざまな面で大変動の時代を迎えておりますが、近づきつつある二十一世紀は人類史の到達点として、物質的な繁栄のみならず文化や自然・社会環境を謳歌できる平和な社会でなければなりません。しかしながら高度成長・技術革新にともなう急激な変貌は「自己本位な刹那主義」の風潮を生みだし、先人が築いてきた歴史や文化に学ぶ余裕もなく、いまだ明るい人類の将来が展望できていないようにも見えます。このような状況を踏まえ、よりよい二十一世紀社会を築くために、人類誕生から現在に至る「人類の遺産・教訓」としてのあらゆる分野の歴史と文化を「歴史文化ライブラリー」として刊行することといたしました。

小社は、安政四年（一八五七）の創業以来、一貫して歴史学を中心とした専門出版社として書籍を刊行しつづけてまいりました。その経験を生かし、学問成果にもとづいた本叢書を刊行し社会的要請に応えて行きたいと考えております。

現代は、マスメディアが発達した高度情報化社会といわれますが、私どもはあくまでも活字を主体とした出版こそ、ものの本質を考える基礎と信じ、本叢書をとおして社会に訴えてまいりたいと思います。これから生まれでる一冊一冊が、それぞれの読者を知的冒険の旅へと誘い、希望に満ちた人類の未来を構築する糧となれば幸いです。

吉川弘文館